粤港澳大湾区
洪潮涝咸特性和系统治理研究

中水珠江规划勘测设计有限公司　林焕新　著

·北京·

内 容 提 要

近年来粤港澳大湾区洪水、风暴潮和内涝灾害频发，随着全球气候变暖，防洪、防潮、防涝和防咸方面的问题凸显、交织。本书在整理历史和现有资料及相关研究成果的基础上，进行洪、潮、雨、咸特性分析，研究洪潮涝（区域暴雨）遭遇规律，摸清大湾区防洪减灾网的本底自然条件、过境洪水、台风暴潮和天文潮、区域暴雨与咸潮之间的关系与规律，提出治理研究方向，提出未来大湾区洪潮涝咸系统治理工程和非工程措施的初步方案。全书共七章，内容包括粤港澳大湾区基本情况、洪水特性和区域暴雨特性、潮汐特性、设计潮位、洪潮雨遭遇分析及洪潮分界、洪潮涝咸系统治理研究和洪潮涝风险防控措施研究。

本书相关成果已部分或全部纳入相关规划中，可为粤港澳城市洪潮涝咸治理规划设计工作者提供技术参考，也可供高等院校水文与水资源、港口航道与海岸工程等专业的师生参考使用。

图书在版编目（CIP）数据

粤港澳大湾区洪潮涝咸特性和系统治理研究 / 林焕新著. -- 北京 : 中国水利水电出版社, 2024. 11.
ISBN 978-7-5226-2873-8
Ⅰ. TV87
中国国家版本馆CIP数据核字第2024ZG8135号

书　名	**粤港澳大湾区洪潮涝咸特性和系统治理研究** YUE - GANG - AO DAWANQU HONG - CHAO - LAO - XIAN TEXING HE XITONG ZHILI YANJIU
作　者	中水珠江规划勘测设计有限公司　林焕新　著
出版发行	中国水利水电出版社 （北京市海淀区玉渊潭南路1号D座　100038） 网址：www. waterpub. com. cn E - mail：sales@mwr. gov. cn 电话：(010) 68545888（营销中心）
经　售	北京科水图书销售有限公司 电话：(010) 68545874、63202643 全国各地新华书店和相关出版物销售网点
排　版	中国水利水电出版社微机排版中心
印　刷	北京中献拓方科技发展有限公司
规　格	170mm×240mm　16开本　6印张　118千字
版　次	2024年11月第1版　2024年11月第1次印刷
定　价	**48.00**元

凡购买我社图书，如有缺页、倒页、脱页的，本社营销中心负责调换

前言

2019年2月，中共中央、国务院印发《粤港澳大湾区发展规划纲要》，明确了粤港澳大湾区发展的总体思路、战略定位、发展目标、空间布局、重点任务，为推进粤港澳大湾区建设指明了方向。

粤港澳大湾区包括广州市、深圳市、珠海市、佛山市、惠州市、东莞市、中山市、江门市、肇庆市共9市以及香港特别行政区、澳门特别行政区。粤港澳大湾区与珠江三角洲的物理范围是基本等同的，粤港澳大湾区是偏向国家战略、政治经济和基础设施互联互通建设的命名，珠江三角洲是偏向地理概念、流域性质的命名。大湾区所在珠江三角洲地处珠江流域下游，滨江临海。珠江汇集西江、北江、东江和其他中小河流后，分别从虎门、蕉门、洪奇门、横门、磨刀门、鸡啼门、虎跳门和崖门八大口门注入南海。

粤港澳大湾区人口密集、经济发达，所在珠三角是冲积平原，地势低洼，既受上游西江、北江与东江大洪水威胁，又受南海台风暴潮、天文潮和区域暴雨的威胁。大湾区国家战略的实施对防洪潮涝咸安全提出更高要求。2020年，水利部和粤港澳大湾区建设领导小组办公室联合印发《粤港澳大湾区水安全保障规划》，提出到2035年，大湾区水安全保障能力跃升，水资源节约和循环利用水平显著提升，水生态环境状况全面改善，防范化解水安全风险能力明显增强，防洪保安全、优质水资源、健康水生态和宜居水环境目标全面实现，水安全保障能力和智慧化水平达到国际先进水平。2021年，中共广东省委、广东省人民政府印发《关于推进水利高质量发展的意见》，提出建设以完善流域防洪工程体系、提升极端天气下水灾害风险应对能力为重点的防洪安全网。

近年来，大湾区洪水、风暴潮和暴雨引发的灾害频繁，全球气候变暖趋势下的防洪、防潮、防涝和防咸方面的问题凸显、交织，进行洪、潮、雨、咸特性分析，研究洪潮涝（区域暴雨）遭遇规律，摸清大湾区防洪减灾网本底自然条件、过境洪水、河口潮汐、区域暴雨与咸潮之间的关系与规律，具有十分重要的意义。为此，作者开展了相关研究，并在整理历史和现有资料以及相关研究成果的基础上，结合自己20余年的工程经验和科研成果，提出大湾区洪潮涝咸治理研究方向，提出未来大湾区洪潮涝咸系统治理工程和非工程措施的初步方案。

本书所指的粤港澳大湾区的洪、潮、涝、咸，其含义如下：洪，是指珠江三角洲承泄西江、北江、东江上游的洪水；潮，是指珠江三角洲河口区的风暴潮和天文潮大潮；涝，是指珠江三角洲区域暴雨所产生的涝水；咸，是指珠江三角洲河口区河道咸潮。洪潮涝咸系统治理是分析洪潮水引发的漫溢、区域暴雨引发的内涝、咸潮导致河口区河道取水口取淡概率降低引发的供水问题的特点，统筹洪潮涝咸发生的机理以及它们之间的联系等，在此基础上进行的综合治理。防洪潮涝咸是指防御洪水、风暴潮和天文大潮、区域暴雨（涝水）和咸潮引发的灾害。

本书内容共七章，首先介绍粤港澳大湾区基本情况，其次分析大湾区洪水特性和区域暴雨特性、潮汐特性、设计潮位，再次进行洪潮涝遭遇分析及洪潮分界研究，最后研究洪潮涝咸系统治理和洪潮涝风险防控措施，并提出结论与建议。本书可为粤港澳城市洪潮涝咸治理规划设计工作者提供技术参考，也可供高等院校水文与水资源、港口航道与海岸工程等专业的师生参考使用。

本书在编写过程中得到水利部水利水电规划设计总院和中水珠江规划勘测设计有限公司有关领导和同事们的大力支持。在此，对所有给予本书支持、指导和帮助的同仁表示衷心的感谢！

由于作者本人知识水平有限，书中不足之处在所难免，敬请读者批评指正。

林焕新

2024年夏

目录

前言

第1章　粤港澳大湾区基本情况 …… 1
1.1　自然地理概况 …… 1
1.2　河流水系 …… 2
1.3　河道河口开发利用特点 …… 3
1.3.1　冲缺三角洲淤积而成，整体地势较低 …… 3
1.3.2　联围筑闸、简化河系 …… 3
1.3.3　疏浚河道与河道采砂 …… 4
1.3.4　河口滩涂利用 …… 6
1.4　洪潮涝咸灾害 …… 7
1.4.1　洪水 …… 7
1.4.2　风暴潮 …… 9
1.4.3　涝水（区域暴雨） …… 9
1.4.4　咸潮 …… 10
1.5　区域发展沿革和经济社会 …… 13
第2章　洪水特性和区域暴雨特性 …… 14
2.1　珠江三角洲洪水的组成和遭遇 …… 14
2.2　洪水发生的月分布 …… 14
2.3　洪峰过程 …… 15
2.4　区域暴雨类型 …… 16
2.5　暴雨过程 …… 16
2.6　极端暴雨的时空分布特点 …… 17
第3章　潮汐特性 …… 18
3.1　天文潮特性 …… 18
3.1.1　潮型、潮周期和潮差 …… 18
3.1.2　潮龄 …… 19
3.1.3　高潮位分布（潮汐影响为主的） …… 20
3.2　风暴潮特性 …… 21

3.2.1 风暴潮位大小的影响因素 …… 21
3.2.2 台风强度 …… 21
3.2.3 台风登陆路径分布 …… 21
3.2.4 台风壮度（尺寸）、移动速度、最低气压 …… 21
3.2.5 海岸线形状和近岸地形 …… 22
3.2.6 热带气旋影响的月分布 …… 22
3.2.7 风暴潮、天文潮的遭遇分析（台风登陆的农历日分布） …… 22
3.2.8 风暴潮持续时间和潮峰过程统计 …… 22
3.3 气候变暖情况下的珠江河口潮位变化和预测 …… 23
3.3.1 观测到全球和珠江河口附近的气温变化 …… 23
3.3.2 珠江口近年海平面变化 …… 23
3.3.3 年最高潮位变化趋势 …… 24
3.3.4 海平面上升预测 …… 24
3.3.5 对风暴潮位的影响预测 …… 25
3.4 咸潮特性 …… 27
3.4.1 上游径流对取淡概率影响分析 …… 27
3.4.2 潮位、潮差、潮龄与半月潮周期（农历日）关系分析 …… 27
3.4.3 磨刀门水道、沙湾水道含氯度超标与半月潮周期关系分析 …… 28
第4章 设计潮位 …… 29
4.1 基本情况 …… 29
4.2 潮位资料可靠性、一致性和代表性 …… 30
4.2.1 资料可靠性 …… 30
4.2.2 资料一致性 …… 30
4.2.3 资料代表性 …… 30
4.3 重现期 …… 31
4.3.1 1999年复核的重现期确定 …… 31
4.3.2 历次成果重现期的顺延 …… 32
4.3.3 历史洪水调查资料成果情况 …… 32
4.3.4 风暴潮灾害发生情况 …… 32
4.3.5 河口潮位站附近的岸滩演变情况 …… 32
4.4 特大值处理 …… 33
4.5 设计参数 …… 34
4.6 设计潮位采用原则和方法 …… 34
4.7 设计潮位采用 …… 35

4.8 预留值相关预估情况 …… 36
4.8.1 美欧等发达经济体 …… 36
4.8.2 中国 …… 37
4.9 防潮标准对应不同频率设计潮位的差值和预留值关系的思考 …… 38
4.10 推荐预留值 …… 39
4.11 建议 …… 39
第5章 洪潮雨遭遇分析及洪潮分界 …… 40
5.1 洪潮雨遭遇 …… 40
5.1.1 洪潮雨遭遇结论 …… 40
5.1.2 设计洪潮雨遭遇组合 …… 41
5.1.3 典型年洪潮雨遭遇组合 …… 41
5.2 洪潮分界线 …… 42
5.2.1 《珠江三角洲整治规划》 …… 43
5.2.2 《西北江三角洲水面线成果》 …… 43
5.2.3 《西、北江下游及其三角洲网河河道设计洪潮水面线（试行）》 …… 44
5.2.4 近年实测资料分析成果 …… 44
第6章 洪潮涝咸系统治理研究 …… 45
6.1 洪潮涝咸系统治理总体思路 …… 45
6.1.1 洪控区和洪潮混合区治理思路 …… 46
6.1.2 潮控区和洪潮混合区治理思路 …… 47
6.2 东江三角洲河口地区洪潮涝咸系统治理布局研究 …… 47
6.2.1 研究背景 …… 47
6.2.2 基本情况 …… 48
6.2.3 存在问题 …… 51
6.2.4 建设必要性 …… 53
6.2.5 工程布局和任务 …… 54
6.2.6 与纯堤防方案的初步比较 …… 55
6.2.7 结论与展望 …… 56
6.3 漠阳江河口地区洪潮涝系统治理布局研究 …… 57
6.3.1 研究背景 …… 57
6.3.2 存在问题 …… 58
6.3.3 建设必要性 …… 60
6.3.4 工程布局和任务 …… 60
6.3.5 与纯堤防方案的初步比较 …… 62

6.3.6 结论与展望 …… 62

第7章 洪潮涝风险防控措施研究 …… 63

7.1 超标准洪潮涝风险分析 …… 63

7.1.1 淹没和社会经济分布的风险 …… 63

7.1.2 洪水归槽的影响 …… 63

7.1.3 气温升高背景下更极端的风暴潮 …… 65

7.1.4 覆盖粤港澳大湾区的超强暴雨 …… 66

7.2 洪涝协调性研究 …… 66

7.2.1 排涝排水在水利、市政部门的衔接 …… 66

7.2.2 典型暴雨的涝灾成因分析 …… 69

7.2.3 排涝工程现状和规划情况 …… 70

7.2.4 涝灾成因分析 …… 71

7.2.5 洪涝协调性计算 …… 72

7.2.6 洪涝协调性主要结论 …… 80

7.3 城市洪潮涝风险防控对策研究 …… 80

7.3.1 转变城市洪涝治理理念 …… 80

7.3.2 统筹规划设计 …… 81

7.3.3 重视非工程措施建设 …… 82

参考文献 …… 84

第1章

粤港澳大湾区基本情况

1.1 自然地理概况

粤港澳大湾区位于广东省东部沿海，地处北纬21°30′～23°40′、东经109°40′～117°20′，北回归线横贯北部。粤港澳大湾区包括广州市、深圳市、珠海市、佛山市、惠州市、东莞市、中山市、江门市、肇庆市共9市以及香港特别行政区、澳门特别行政区，是中国南部沿海发展程度较高的地区。

粤港澳大湾区北接清远市、韶关市，东接河源市、汕尾市，西接阳江市、云浮市，南濒浩瀚的南海，大陆地势大体是北高南低，地形变化复杂，山地、丘陵、台地、谷地、盆地、平原相互交错，形成多种自然景观。

粤港澳大湾区所在珠江三角洲属于亚热带气候，终年温暖湿润，年平均气温21～23℃，最冷的1月平均气温13～15℃，最热7月平均气温28℃以上，年日照时数为2000h。降雨集中，天气炎热湿。多年平均年降水量1800mm左右，其中4—9月的降水量约占全年的80%，降水年内分配不均匀。区域暴雨强度大、次数多、历时长，主要出现在4—10月，一次流域性暴雨过程历时7d左右，主要雨量集中在3d。流域过境洪水主要由上游暴雨形成，洪水出现时间与暴雨一致，多发生在4—10月，流域性大洪水主要集中在5—7月；洪水过程历时10～60d，洪峰历时1～3d。

珠江三角洲多年平均当地地表水资源量为280.7亿m^3，水资源可利用量为94.0亿m^3，上游入境水资源量为3085.4亿m^3。水资源年内、年际分布极不均匀，汛期径流量占年径流量的80%左右，枯水期径流量不足年径流量的30%；最小年径流量仅为多年平均值的67%，为最大年径流量的一半。

珠江三角洲为冲积平原，地势低洼，既受上游西江、北江与东江大洪水威胁，又受南海台风暴潮威胁，洪涝灾害繁重。珠江河口潮汐属不规则混合半日潮，为弱潮河口，潮差较小。八大口门平均高潮位为0.44～0.74m，平均低潮位为－0.88～－0.41m，平均潮差为0.85～1.62m，最大涨潮差为2.9～3.41m。虎门及崖门是受潮流作用为主的潮汐水道，其余六个口门为以径流作用为主的河道。

珠江河口位于太平洋西岸，濒临南海，是我国受热带气旋影响的主要地区之一。据统计，1949—2020年平均每年有5.83个热带气旋影响珠江河口，主要集中在7—9月。2008年“黑格比”、2017年“天鸽”、2018年“山竹”是近些年影响珠江河口最大的三场台风。

1.2 河流水系

珠江三角洲是西江、北江和东江下游的冲积平原，范围包括西江、北江思贤滘以下和东江石龙以下的河网区及入注三角洲的潭江、高明河、流溪河、增江等中小河流。珠江三角洲是由西北江三角洲和东江三角洲两部分组成的网河区，这两部分为广州至虎门出海水道所分隔，网河区内河道纵横交错、融汇贯通。河道主干宽阔多汊，宽者2000余米，窄者几百米，最后经由虎门、蕉门、洪奇门、横门、磨刀门、鸡啼门、虎跳门、崖门八大口门流入南海。珠江三角洲水系集水面积2.68万km^2，占珠江流域面积的5.9%，主要河道近100条，其中入注珠江三角洲的中小河流有流溪河、潭江、增江和深圳河等，网河区内西江、北江、东江主干河道总长294km。

西江干流水道从思贤滘西滘口起，向南偏东流至新会区天河，长57.5km；天河至新会区百顷头，长27.5km，称西海水道；从百顷头至珠海市洪湾企人石流入南海，长54km，称磨刀门水道。西江干流水道在甘竹滩附近向北分汊经甘竹溪与顺德水道贯通；在天河附近向东南分出东海水道，东海水道在豸蒲附近分出凫洲河，该水道在鲤鱼沙又流回西海水道，在海尾附近分出小榄水道、容桂水道和鸡鸦水道，小榄水道、鸡鸦水道经横门汇入伶仃洋出海，容桂水道汇顺德支流后经洪奇门入伶仃洋，鸡鸦水道与洪奇门水道之间还有桂洲水道、黄圃沥、黄沙沥相沟通；西海水道在太平墟附近分出海洲水道，至古镇复回西海水道；西海水道经外海、叠石，由磨刀门出海。此外，西海水道在江门北街处有一分支——江门水道入银洲湖，由崖门水道出海；在百顷头分出石板沙水道，该水道又分出荷麻溪、劳劳溪与虎跳门水道、鸡啼门水道连通；至竹洲头又分出螺洲溪流向坭湾门水道，并经鸡啼门水道出海。

北江干流自思贤滘北滘口至南海紫洞，紫洞至顺德张松上河，长48km，称顺德水道；至番禺小虎山，长32km，称沙湾水道，然后入狮子洋经虎门出海，北江主流分汊很多，在三水区分出西南涌，与流溪河汇合后流入广州至虎门出海水道（至白鹅潭又分为南北两支，北支为前航道，南支为后航道，后航道与佛山水道、陈村水道等互相贯通，前后航道在剑草围附近汇合后向东注入狮子洋）；在南海紫洞向东分出潭洲水道，该水道又于南海沙口分出佛山水道，在顺德登洲分出平洲水道，并在顺德沙亭又汇入顺德水道；在顺德勒流分出顺德支流水道，与甘竹溪连通，在容奇与容桂水道相汇然后入洪奇门出海；沙湾水道在顺德张松分出李家沙水道，在顺德板沙尾与容桂水道汇合后进入洪奇沥，在万顷沙西面出海。沙湾水道下游在番禺磨碟头分榄核涌，西樵分出西樵水道，基石分出骝岗水道，均汇入蕉门水道出海。

东江干流至石龙进入珠江三角洲地区分为两支，主流东江北干流经石龙北向西流至新家埔纳增江，最后在增城禺东联围流入狮子洋，全长42km；另一支为东江南支流，从石龙以南向西南流经石碣、东莞，在大王洲接东莞水道，最后在东莞洲仔围流入狮子洋。东江北干流在东莞乌草墩分出潢浦，在东莞斗朗文分出倒运海水道，在东莞湛沙围分出麻涌河；倒运海水道在大王洲横向分出中堂水道，此水道在芦村汇潢涌、在四围汇东江南支流；中堂水道又分出大汾北水道和洪屋涡水道，这些水道均流入狮子洋经虎门出海。

珠江三角洲汇集了西江、北江、东江等多条河流的洪水，其网河区河道纵横交错，径流潮流相互作用，河道水流相互沟通，出海口门众多，是世界上最复杂的网河区之一。新中国成立以来，通过采取联围筑闸等措施，对河网水系进行控支强干，简化了河网水系。目前，三角洲大小河道总长1600km，其中主要行洪河道24条，总长1200km。西北江三角洲平均河网密度0.81km/km^2，东江三角洲平均河网密度0.88km/km^2，如考虑各类河涌则总计1.2万多条，总长3万多km，河网密度达0.72km/km^2，为全国平均水平的近5倍。

1.3 河道河口开发利用特点

1.3.1 冲缺三角洲淤积而成，整体地势较低

珠江三角洲历史为河口外浅海湾上淤积形成新的“冲缺三角洲”，河网区主要沉积动力条件是紊流射流，易产生四散的扇形堆积，使水流逐级分汊、形成水下浅滩进而淤涨成洲并逐渐扩大发展，历代人民群众围垦及河系简化逐步形成当前珠江三角洲水系。珠江三角洲大部分地区地势低洼，由浅海湾逐步发展成沙田，地面高程大多为1～3m，靠近出海口门的地面高程大多为1～2m。

1.3.2 联围筑闸、简化河系

珠江三角洲河道纵横交错，水流散乱，且易受潮水顶托，流缓而势头弱，

同时堤线过长，难于防守。为了解决这些问题，通常在支流河道进口筑闸控制，并通过联围在众多的行洪小涌筑闸，拒洪水于联围外，简化河系，加强主干，以利于控制水流。

1914年12月，督办广东治河事宜处（珠江水利局前身）设立，“是为珠江流域水利行政有专司之始”（1914年《三十年来中国之水利事业》第6篇）。1915年6—7月，珠江流域发生有历史记录以来的最大一次洪水，史称“乙卯水灾”。“乙卯水灾”发生前后数年，督办广东治河事宜处在西江、北江和东江调研测量后，于1918年首次提出珠江三角洲（The Canton delta）概念[1]，随后制定联围筑闸、简化河系的治河方针，同时提出思贤滘建闸。“沿西江一带基围，起自肇庆上约五英里地方，干河两岸基围皆全行改建，以迄磨刀门止。并设立沿途必须之水闸，及活动闸坝等。至于三角洲一带各江道，多数须用堤坝永久堵塞之。除因宣泄潦水或利便航行之必要，始在支流涌滘之两岸筑基。凡此办法东、北两江亦同一律。”

历经百年，特别是新中国成立以后，国家在20世纪50年代初至70年代中期有领导、有计划地进行了联围筑闸，控支强干，简化河系。北江至今通过北江大堤、佛山大堤和芦苞闸、西南闸、沙口闸，基本实现了“以免潦水侵入北江至省城及佛山一带”的整治目标。特别是鉴于北江大堤没有一个完整的堤系，防洪能力很低，“乙卯水灾”后又发生多次溃决，1954年12月，广东省人民政府发布《关于加固北江大堤工程的决定》，将原来分散的63km长的堤围进行筑闸联围和全面整修加固，并正式定名为北江大堤。西江则通过景丰联围、樵桑联围、中顺大围、江新联围等联围筑闸，基本达到“筑成一相互不断之围基，凡从发源山岭之流水，悉向干河宣泄”的整治目标。

较早用以控制支流的大型水闸是1918年提出、1921年兴建的芦苞水闸。在思贤滘建水闸也是于1918年提出的，其布局方案如图1.3-1所示。督办广东治河事宜处还提出“西江潦水，时从思贤滘流入北江，以致北江水面异常高涨，兹拟于思贤滘建一水闸，水涨时闭之。”思贤滘建闸工程在西江、北江两江“认真改良后实行”[1]。

1.3.3 疏浚河道与河道采砂

清代开始对珠江三角洲某些河道进行疏浚，道光年间（1825年）对佛山涌进行了全河段疏浚，对陈村水道也进行了疏浚。民间时期，督办广东治河事宜处认为疏浚河道效果较差，“又有谓只需从事疏浚浅滩，即能使河床加深，而恒久不变，亦非确论。盖浅滩转瞬可以复成”，指出“1916年陈村及新滩两处疏浚无效为前车之鉴，只隔一年，则淤塞如故”，并提出联围筑闸、束水攻沙是解决淤积的主要措施：“必须从河口以至于海，建筑石堤为岸，以限制水流，使其携带岸边泥沙，移置他处也”“故收集各支流，以为数大河道，而其容量又足以容

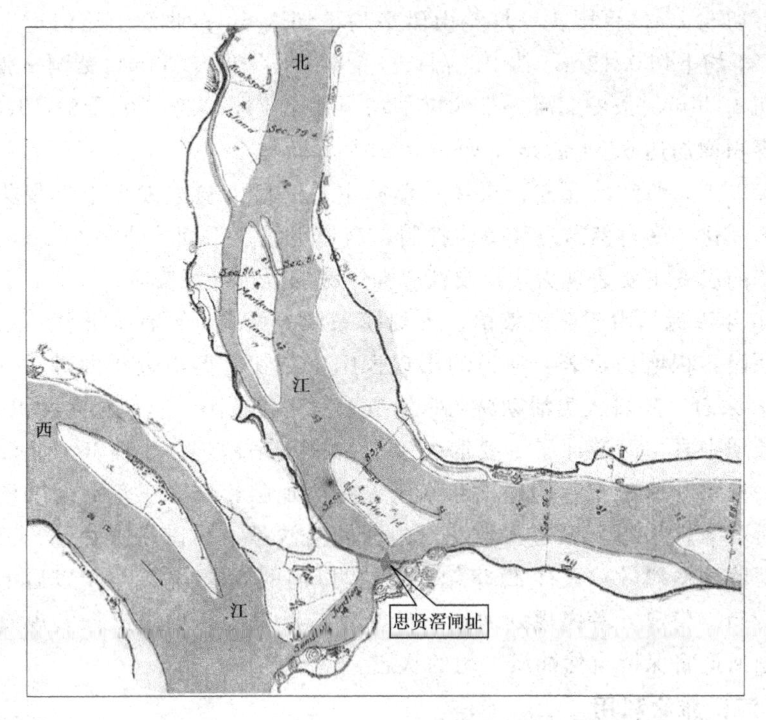

图 1.3-1 1918 年思贤滘枢纽布局方案示意

纳夏潦者。”[1]

新中国成立后，自 20 世纪 50 年代，特别是六七十年代，珠江三角洲掀起疏河高潮，对潭州水道、沙湾水道进行了大规模的疏浚，但均因没有改变上游来水、来沙及边界条件，工程完成后，基本淤回原状。

西北江三角洲主干河段因航道整治和采砂等人为活动影响，1978—2008 年河道呈现不断下切趋势，2008 年以后随着采砂活动减弱，下切趋势得到有效控制。从冲淤时间分布来看，1978—1999 年北江主干河段冲刷速度大于西江主干河段；1999—2008 年则反之。从冲淤空间分布来看，西北江三角洲上中部冲刷速度大于腹尾部。2008—2014 年西北江三角洲主干河段容积基本稳定，表现为容积略有减少、河槽略有回淤。东江北干流 1972 年以前河道冲淤变化较小，1972—1997 年河床处于大幅下切阶段，1997—2002 年河床下切速度大幅减少，2002 年以后冲淤变化趋于稳定。

总体上，西北江三角洲主干河段各河段河道容积 2014 年较 1978 年均大幅增加，其中西江主干河段全河道容积增加达 5.8 亿 m^3、增幅达 61%，北江主干河段全河道容积增加达 2.2 亿 m^3、增幅达 121%；西江主干河段全河道平均下切 4.1m、年均下切 0.11m，其中西滘口—天河段平均下切 4.60m，天河—百顷头段平均下切3.7m，百顷头—灯笼山段平均下切3.5m；北江干流河道平均下切4.85m，年均下切0.13m，其中北滘口—紫洞平均下切7.33m，紫洞—张松上河平均下切4.76m，张松上河—三沙口平均下切2.31m。东江北干流1972—2002年河道容积增加达0.74亿m^3、增幅达75%。

近代以来，西江、北江、东江三角洲主干河段河势未发生重大变化，河道岸线逐渐固化，受自然节点和堤防控制，河道岸线及平面形态将基本保持稳定，平面形态的演变主要表现为边滩及江心洲岸线的局部冲淤交替。

1980年以后，由于航道整治、大规模采砂等影响，西江、北江、东江三角洲主干河段容积增加显著，河道均出现大幅度下切。但由近年的资料（2008—2014年）来看，随着人类活动减弱，河道容积变化较小，呈现轻微淤积的趋势。

从长期来看，河道冲淤主要取决于上游来水来沙，由于西江、北江、东江上中游一批水利枢纽工程的建设和水土保持的加强，珠江三角洲的含沙量、输沙量有所下降，2000年后进入珠江三角洲的输沙量（马口站输沙量＋三水站输沙量＋博罗站输沙量）只有20世纪80年代以前的35%，2010年以后上游控制站含沙量趋于稳定。考虑规划河道采砂活动日趋减少，如未进行大规模航道整治，规划河道将保持自然冲淤平衡的状态。

1.3.4 河口滩涂利用

1.3.4.1 1949—1978年滩涂开发情况

珠江河口海岸滩涂资源的开发利用已有将近2000年的历史。新中国成立后前30年珠江口滩涂围垦速度较慢，总围垦面积约28万亩[1]，其中1/3以上面积集中在黄茅海、鸡啼门和磨刀门水道之间的滩涂，近1/2以上面积集中在伶仃洋上部的蕉门、横门的口门区。主要的围垦有崖门口的平沙围垦、磨刀门的白藤围垦、蕉门的万顷沙围垦等。

这一时期除1959年水利部直属广州水利勘测设计院编制的《珠江流域三角洲综合利用规划》及1977年广东省水电局珠江三角洲整治规划办公室编制的《珠江三角洲整治规划报告》外，涉及河口滩涂规划的内容不多。受社会经济条件的局限，这一时期滩涂资源开发利用的规模较小，而且大都是农业围垦，主要是当地农业部门为增加农业发展用地，自行或由水利部门协助进行的围垦，受技术条件的限制，一般只在河滩、沙洲围垦，以人力为主，选择自然发育而浮露的滩涂，采用人工将土块砌筑成堤的方法筑围，成围后用于农业种植。20世纪70年代以后，逐步使用绞吸式吸泥船，用喷填方法筑堤造田，部分有条件的地方还采用劈山造地的方法。机械的逐步投入使用，加快了围垦的速度。

[1] 1亩≈666.67m^2

1.3.4.2 1979年至今滩涂开发情况

1979年，水利部珠江水利委员会（以下简称珠江委）成立后，全面开展珠江河口治理开发规划。按照“全面规划，综合治理，因势利导，统筹兼顾，治理与开发相结合，以开发促整治”的方针及“河口的治理开发必须有利于泄洪、维护潮汐吞吐、便利航运交通、保护水产、改善生态环境”的治理原则，陆续提出了磨刀门、伶仃洋及东四口门、广州出海水道、黄茅海及鸡啼门、澳门附近水域的治理规划报告，分别通过国务院或水利部审批。继20世纪80年代初选择了磨刀门作为整治的试验工程之后，各口门的治理规划陆续付诸实施。有关方面先后进行了伶仃洋东滩、蕉门、横门、磨刀门、鸡啼门西滩（连岛大堤）、崖门的崖南围垦及深圳宝安港、南沙港、高栏港等滩涂开发利用工程建设。

20世纪80—90年代，珠江河口地区的滩涂开发仍主要以农业围垦为主，如蕉门、横门、磨刀门和崖门崖南的围垦工程。随着社会经济的发展，这10年来的滩涂开发已脱离原有农业围垦的模式，转为以工业和城镇建设、港口建设为主，如伶仃洋东滩的深圳宝安国际机场、赤湾港，伶仃洋西滩的南沙港，以及黄茅海东滩的高栏港等。

1978—2000年，珠江河口总围垦面积为478km^2。其中，伶仃洋面积约213km^2；磨刀门和黄茅海围垦面积分别为137km^2、109km^2；鸡啼门围垦面积为19km^2。珠江河口2000—2020年滩涂共围垦114km^2，其中2000—2006年围垦滩涂52km^2，主要以伶仃洋围垦面积约26.0km^2；珠江河口2006—2020年围垦面积为62km^2，围垦速率大幅下降。

1.4 洪潮涝咸灾害

1.4.1 洪水

1915年6月，珠江流域西江下游和北江下游同时发生200年一遇特大洪水，西江梧州站洪水位27.07m，洪峰流量54500m^3/s，北江横石站洪峰流量21000m^3/s，且东江大水，适值盛潮，致使珠江三角洲堤围几乎全部溃决，三角洲受灾农田648万亩，受灾人口365万人。滚滚的西江洪流通过肇庆的水基堤，穿旱峡，东下广利、丰乐、隆伏、大兴等堤围而入侵北江，广州的防洪屏障石角、六合、榕塞诸围（即今北江大堤的石角、芦苞、大塘、黄塘、河口等处堤段）均告漫堤或溃堤，漫顶、决口总堤长1086m，决堤流量7000～14000m^3/s，洪流直奔广州，堤防区近100万亩农田被淹，适逢盛潮期（7月14日），广州市区淹没7天7夜，受灾人口20多万人，房屋倒塌无数，工厂停工，商店停市。

长堤、西壕口、下西关、半塘、澳口、东堤、华地等地势低的地区，受灾尤为严重。

1949年夏，西江中上游主要干支流相继发生大水，梧州站7月5日洪水位25.52m，洪峰流量48900m^3/s，相当于50年一遇流量，北江横石站7月1日洪峰流量11230m^3/s，但历时短，7月6日洪峰已过。北江左岸堤围，位于佛山市三水区西南镇上三宫庙附近决口长80m，幸芦苞涌和西南涌分流到广州方向的洪水不大，广州市未受淹。当年洪水广东受灾面积259.79万亩，主要集中在珠三角地区，据统计，珠三角地区受灾253万亩，受灾人口143万人，损失稻谷3.55亿kg。

1994年6月，适逢9403强热带风暴，西江下游高要站和马口站的洪峰流量分别达到了48700m^3/s和47000m^3/s；北江横石站的洪峰流量达到17500m^3/s。北江大堤、西江和北江下游以及珠江三角洲的堤围多处出现管涌、漫顶、滑坡、塌方等险情，番禺区段险情环生，鱼窝头围溃决100m。广州市受淹农田35万亩，破坏堤防18.8km，22个乡镇受淹，受灾人口3.7万人，直接经济损失5.17亿元。

1998年6月中下旬，受华南静止锋和西南低涡的影响，西江、北江流域连降大雨到暴雨，局部特大暴雨，致使西北江河流水位猛涨，西江出现100年一遇洪水，北江出现5～10年一遇洪水，三角洲部分水道出现超200年一遇洪水。1998年6月洪水（以下简称“98·6”洪水）使广东省52个县（市）39个乡镇4290个村庄的323.63万人受灾，被洪水围困70.79万人，受淹城镇9个，损坏房屋9.3万间，死亡94人，农作物受灾面积15.69万hm^2，成灾面积8.59万hm^2，绝收面积2.82万hm^2，全停产工矿企业5579个，部分停产的工矿企业1828个，直接经济损失总计51.60亿元，其中水利设施损失5.57亿元。

2005年6月，西江、北江洪水进入珠江三角洲后，恰逢天文大潮，造成珠江三角洲发生特大洪水。北江干支流在6月19—20日相继开始涨水，6月23—24日，各干支流都出现最高水位，但洪水量级都比较小，大多数小于5年一遇。下游控制站石角站洪峰流量为13500m^3/s，大于“98·6”洪水（洪峰流量12500m^3/s），洪峰接近10年一遇，水位12.42m，比“98·6”洪水13.15m低0.73m。西江、北江、东江流域遭受严重的洪涝灾害，农作物受淹，房屋倒塌，交通、水利设施遭到严重破坏。广东省共有94个县（市、区）799个乡镇446.0万人受灾，倒塌房屋5.4万间，因灾死亡65人，农作物受灾面积21.71万hm^2，被洪水围困群众人数达13.5万人，直接经济损失47.72亿元，其中水利损失10.47亿元。

2008年6月下旬，流溪河流域发生大洪水，流溪河水库及黄龙带水库水位也不断抬升，流溪河水库库容从17000m^3/s上升到24000m^3/s，从6月18日开始已采取泄洪措施。6月25日夜间，广东省从化市（2014年撤市设区，成为广州市的一个行政区）遭遇台风“风神”外围云系影响，普降大雨。6月25—27日，全市平均降雨量255.1mm。6月27日，流溪河水库下游街口河段出现20年一遇洪水。这场暴雨洪水导致从化市五镇三街188个行政村（含社区）遭受洪灾，受灾人口5.26万人，死亡4人；受灾倒塌房屋5210间，受损房屋6842间；农作物受灾85639亩，农作物绝收13470亩；造成1043处道路塌方，18座桥梁毁坏；导致多区多户停电；损坏水利设施564处；直接经济损失1.57亿元。

1.4.2 风暴潮

粤港澳大湾区内的珠海、江门、中山、广州、东莞、深圳等经济发达地区，部分处在风暴潮影响区域，台风暴潮频发，灾害损失巨大，如2017年1713号台风“天鸽”致使粤港澳大湾区内23人死亡，直接经济损失超过342亿元。

在全球气候暖化背景下，海平面上升与台风暴潮频发，珠江河口潮位呈上升趋势，风暴潮位频发且屡创新高。根据《2021年中国海平面公报》，广东1980—2021年海平面年均上升3.4mm；台风暴潮持续增强，珠江口沿海高潮位不断突破历史纪录，1990年以来的近30多年出现的年最高潮位比1990年之前的年最高潮位，珠江河口各站平均升高0.61m，最大升高0.94m（泗盛围）。经复核，珠江河口区潮位站设计潮位较原颁布成果大幅抬高，原已达标堤防存在防洪（潮）标准被动下降、堤顶高程不满足最新设计潮位要求等问题。

1.4.3 涝水（区域暴雨）

局部短历时强降雨频发，城市内涝问题更加突出。2020年5月22日广州特大暴雨，黄埔区永和街最大累积雨量378.6mm，达到百年来的历史极值；2018年8月30日惠州特大暴雨，惠东县高潭镇最大24h降水量1056mm，打破了历史极值。

据广东省应急管理厅统计，台风“艾云尼”造成珠三角的江门、广州、惠州、东莞、肇庆、中山等6市受灾，因灾死亡1人（江门1人），紧急转移安置人口5.35万人，农作物受灾面积6.42万hm^2，倒塌房屋267间，直接经济总损失26亿元。由于河网密布、地势平坦低洼，长期面临上游发生较大洪水，下游遭遇天文潮高潮、风暴潮，区域内降较大暴雨的洪潮涝多重灾害威胁。

气温进一步上升、南北极融冰加速，近年破纪录的洪水、台风、高温干旱、严寒等不但在中国而且在全球范围内持续发生，面向未来，大湾区承泄上游的洪水、南海的风暴潮、区域局部暴雨呈现不断突破的趋势，洪潮涝灾害趋于严峻且存在不确定因素，对防洪潮涝工程体系布局、建设和非工程措施提出更高的要求。

1.4.4 咸潮

1.4.4.1 特枯来水咸潮加剧对粤港澳大湾区供水造成严重威胁

水文分析成果表明，思贤滘潮周期平均流量与平岗泵站日均达标时数整体呈现直线相关的带状关系，可见思贤滘径流量（马口站径流量＋三水站径流量）是影响西江、北江下游取水口取淡几率的直接原因。上游径流量小时，西江下游竹洲头泵站、平岗泵站等测站的含氯量增大；上游径流量大时，测站的含氯度小，这就是咸潮多发生于枯水期、较小流量的主要原因。

西北江三角洲1992年12月、1993年1月、1996年2月、1998年12月至1999年3月、2000年2月、2001年1月、2003年12月至2004年3月发生咸潮期间，上游思贤滘平均流量（马口站平均流量＋三水站平均流量）少于2000m^3/s，尤其以1993年、1999年、2004年春最为突出，最枯流量在1500～1600m^3/s之间。1999年1—3月，梧州、石角各月来水量均为枯或特枯，梧州流量仅为983m^3/s。2003—2004年枯季，石角各月来水均为较枯或特枯，梧州流量也仅为1194m^3/s。2004年冬至2005年春，珠江委组织开展了20年度珠江枯水期水量调度，目的是通过西江上游水库调节有效增加进入思贤滘的水量，有效保障下游珠海、澳门等地的供水。2022年2月15日前后，针对珠江流域遭遇60年来最严重旱情，珠江防汛抗旱总指挥部办公室迅速发出调度令，要求西江大藤峡水利枢纽于2月13日17时起出库流量按平均不低于3500m^3/s控制，北江飞来峡水利枢纽于2月14日起出库流量按日均不低于300m^3/s控制，配合西江水库群（飞来峡出库流量占飞来峡和大藤峡的8.5%）；东江水利枢纽于2月14日起出库流量按日均280m^3/s左右控制，有效压制了天文大潮带来的强咸潮影响。

根据联合国政府间气候变化专门委员会（Intergovernmental Panel on Climate Change，IPCC）《2021年气候变化：物理科学基础》[2]（IPCC 195个成员国政府已批准），随着气候暖化，水循环正在加剧，这带来了更强烈的降雨和相关的洪水，以及许多地区更严重的干旱。气候变化正在影响降雨模式。在高纬度地区，降水可能会增加，而亚热带大部分地区的降水预计会减少。全球发生灾难性高温事件是20世纪50年代的5倍，过去十年中发生极端干旱的概率增加70%。

受极端天气影响，2021年上半年，在北方多地遭受严重洪涝灾害之际，广东部分地区却遭遇严重旱情，出现罕见的“北涝南旱”。2021年以来，珠江流域降雨和江河来水持续偏少，珠江流域降水量较常年偏少2～4成，其中东江、韩江来水偏少7成，均为1956年以来最枯。东江流域遭遇秋、冬、春、夏四季连旱的特枯水情，2020年10月至2021年3月，东江流域降水量107.7mm，较同期多年（1991—2020年，下同）平均降水量365.3mm偏少71%，创下1956年以来同期最少纪录；新丰江、枫树坝和白盆珠三大水库总入库流量为 63m^3/s，创下三大水库建成运行以来最小纪录；2021 年 1—7 月东江流域降水量 691.1mm，创下 1963 年以来同期最少纪录，也是东深供水工程建成以来东江流域出现的最严重旱情。东江流域遭遇的这次干旱，持续时间跨越秋、冬、春、夏近一年，时间之长、降雨之少、来水之小前所未有。总体上，2021 年以来珠江流域遭遇 60 年来最严重干旱，受降雨偏少、江河来水偏枯影响，珠江三角洲咸潮活动增强，西北江三角洲磨刀门水道在主汛期就出现咸潮，为有咸情监测记录以来最早；进入枯水期后，东江三角洲河道沿线部分水厂取水口受咸潮影响问题突出，珠江流域出现了“秋冬连旱、旱上加咸”的不利局面，抗旱保供水形势尤为严峻。东江下游因流量减少咸潮严重造成取水严峻的局面，供水已发生部分时段停水、降低水压的问题，广州、东莞、深圳已相继启动抗咸应急预案，向社会提出节约用水等措施。

全球气候变暖趋势下，极端干旱的发生可能将更为频繁，可能造成思贤滘上游西江、北江出现突发性的特枯水情，对粤港澳大湾区供水造成严重威胁。

1.4.4.2 西江下游咸潮总体呈增强趋势，供水安全风险加剧

对比 2005—2006 年和 2011—2012 年的咸潮情况，这两次咸潮引发的最严重灾害均发生在 12 月至翌年 2 月。2005 年 12 月至 2006 年 2 月，思贤滘平均流量（马口站平均流量＋三水站平均流量）为 1908m^3/s，2011 年 12 月至 2012 年 2 月，思贤滘平均流量为 2505m^3/s，虽然平均流量增加近 600m^3/s，增加幅度达 31%，但 2011—2012 年磨刀门咸潮影响程度仍较 2005—2006 年略大，如平岗泵站 2011—2012 年超标天数仍较 2005—2006 年增加 11 天。因此，磨刀门下游取水口相同取淡概率下，需要上游压咸流量大幅增加。同期沙湾水厂取淡概率由 85%增至 97%，增幅约 12%，沙湾水厂取淡概率随着上游来量增加而大幅增加。

受河床下切特别是磨刀门拦门沙持续下切和海平面持续上升等综合影响，在同等流量条件下，尤其是在流量大于 2500m^3/s 的条件下，近年数据点有逐步向下偏移的趋势，如图 1.4－1 所示。流量在 2000～3400m^3/s 时，2011—2016 年枯季数据点较 2011 年前明显下移；流量在 3400～4800m^3/s 时，2017—2021 年数据点较 2016 年前明显右移。上述分析表明，即使最近几年来水较丰，近年磨刀门水道咸潮总体呈增强趋势，在思贤滘同等流量条件下磨刀门水道取淡概率（供水达标）减少。对于沙湾水厂，2015—2022 年枯季，只有累计 7h 超标、取淡概率较高，这与这些年份实施枯季水量调度后上游径流偏丰直接相关。

在实施枯季水量调度的背景下，2019—2020 年枯水期，中山市共遭遇 10 次咸潮袭击，2010—2020 年是咸潮形势最为严峻的 10 年。中山市 46%的供水水厂的供水能力受到影响，南镇水厂、南龙水厂累计受咸潮影响时间 1181h，采取低压供水 87h；全禄水厂累计受咸潮影响时间 340h，采取低压供水 14h；稔益水厂

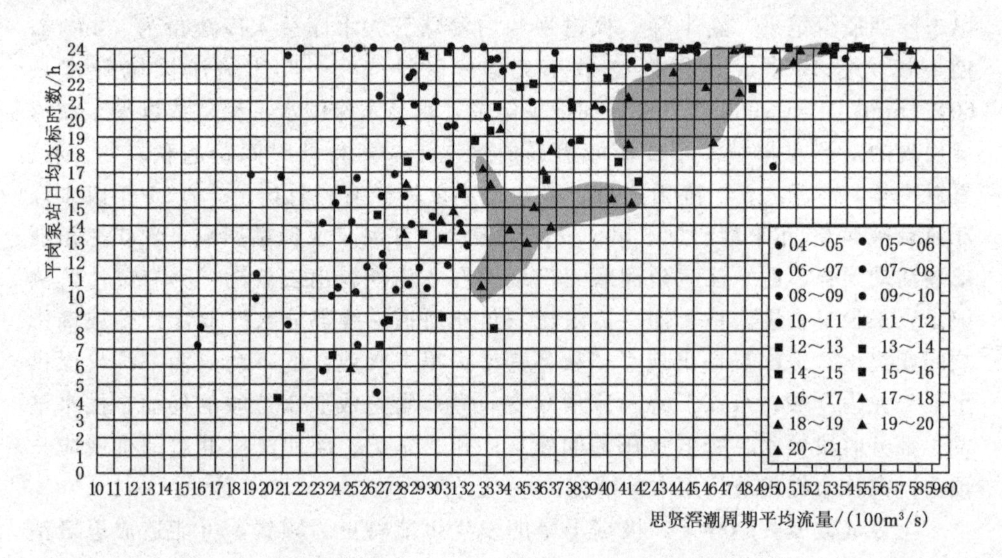

图 1.4-1 思贤滘潮周期平均流量-平岗泵站日均达标时数关系

累计受咸潮影响时间 28.6h，采取低压供水 16h；大丰水厂累计受咸潮影响时间 18.7h。2021 年入汛以来，珠江流域降水量较多年同期偏少近 2 成，磨刀门下游取水口面临咸潮影响，供水压力日趋严重，珠江委相继收到《中山市人民政府关于恳请支持中山市咸潮期供水安全保障的函》《珠海市人民政府关于 2021—2022 年枯水期水量调度需求的函》，珠海、中山两市要求珠江上游加大枯季调水量，以确保供水安全。

根据咸潮数学模型计算分析，如果磨刀门拦门沙进一步下切至－7m，与 2000 年－3m 拦门沙地形相比，磨刀门水道平岗泵站的取淡概率将减小 8%。

受近年二氧化碳浓度加大、全球气温急速升高、冰川融化等影响，近几十年来海平面加速上升。根据《2018 年广东省海洋灾害公报》，1980—2018 年，广东沿海海平面上升速率为 3.6mm/a，高于同期全国沿海海平面上升平均水平。根据 IPCC 相关成果，在 RCP8.5 情景，2100 年将达到 0.84m（0.61～1.10m），平均上升可达 10mm/a。以 2021 年起算，按照 1980—2018 年广东沿海海平面年平均上升速率 3.6mm/a 计，到 2050 年海平面可能上升约 10cm；按照 IPCC 上升速率 10mm/a，到 2050 年海平面可能上升 30cm。

根据咸潮数学模型计算分析，如果海平面上升 10cm、30cm 和 50cm，平岗泵站的取淡概率分别减少 4%、12%、25%，沙湾水厂取淡概率减少 1%、3%、6%。如果海平面上升 100cm，则平岗泵站在上游潮周期平均流量 $2500m^3/s$ 下，基本无法取水。

1.5 区域发展沿革和经济社会

珠江三角洲和粤港澳大湾区在物理范围上相同，珠江三角洲是偏地理、流域性质的命名，粤港澳大湾区是偏国家战略和经济布局的命名。据考证，督办广东治河事宜处正工程师、瑞典国工程队上校、水利专家柯维廉（G. W. Olivecrona）于1915年首次提出了珠江三角洲的概念，并于1918年在中国工作期间编制了珠江三角洲水系图（又称广州三角洲图，Map of The Canton Delta）。近百年来，珠江三角洲的水系格局变化不大。

根据吴尚时和曾昭璇在《珠江三角洲》[3] 中的分析，珠江三角洲是长江以南仅此一片的稍大平原沃野，农产富厚，铁路、公路和水路交通丰富，秋冬水低时期，汽船或较大的民船在区外大多不能行驶，而本区则因有潮汐之助，终年畅通。尤其是三江汇合、串联珠江流域，直连滇桂和粤东北，造就商业的繁荣。海运方面，这里是古代海上丝绸之路发祥地，自唐朝阿拉伯人航行至此，是近代海运的开放港口、中西方文化交流的首站。历史上也是近现代中国革命的策源地、改革开放的前沿。

珠江三角洲地区是20世纪最后20年全球发展变化最快的地区之一。持续快速的发展，建基于国家的改革开放政策和粤港澳三地长期稳定的良性合作。2019年2月，中共中央、国务院公布《粤港澳大湾区发展规划纲要》，明确了粤港澳大湾区建设的五大战略定位，即建设充满活力的世界级城市群、具有全球影响力的国际科技创新中心、“一带一路”建设的重要支撑、内地与港澳深度合作示范区、宜居宜业宜游的优质生活圈，并提出了建设国际一流湾区，打造高质量发展典范的目标。建设粤港澳大湾区，是党中央部署的重大战略，是全面深化改革开放的重大举措，是丰富“一国两制”实践的全新探索，对实现中华民族伟大复兴具有重大战略意义。

粤港澳大湾区包括香港特别行政区、澳门特别行政区和广东省广州市、深圳市、珠海市、佛山市、惠州市、东莞市、中山市、江门市、肇庆市，总面积5.6万km^2，2020年末总人口8618万人，地区生产总值11.54万亿元。大湾区以占全国土地面积不足1%，人口数量不足全国总人口的5%，创造了全国国内生产总值的17%，经济地位举足轻重，是我国开放程度最高、经济活力最强的区域之一，在国家发展大局中具有重要战略地位。

第2章

洪水特性和区域暴雨特性

2.1 珠江三角洲洪水的组成和遭遇

西北江三角洲洪水受西江、北江洪水影响。西江与北江在广东省佛山市三水区的思贤滘相通，两江来水在此平衡调节后，进入西北江三角洲网河区。东江与西江、北江洪水发生时间不大一致，且东江三角洲与西北江三角洲之间隔有狮子洋，东江洪水对西北江三角洲影响不大。

思贤滘控制集水面积399830km^2，西江西滘口以上集水面积为353120km^2，占思贤滘集水面积的88.3%，北江北滘口以上集水面积为46710km^2，占思贤滘集水面积的11.7%。思贤滘年最大30天洪量的平均组成为：西滘口占86.4%，略小于面积比；北滘口占13.6%，大于面积比。从单位面积产水量来看，北江较大，西江较小；从洪水组成来看，主要来自西江，次为北江。

西江、北江两江洪水在思贤滘遭遇机会不少，两江洪水量级越大，遭遇机会也越多，其洪水遭遇可分为以下四种：西江、北江两江特大洪水遭遇，如1915年、1994年洪水；西江大洪水与北江一般洪水遭遇，如1949年、1998年、2005年、2008年洪水；北江出现大洪水与西江一般洪水遭遇，如1931年、2022年洪水；西江、北江两江一般洪水遭遇，如1947年洪水。

2.2 洪水发生的月分布

西江洪水多发生在5—10月，较大洪水往往由几场连续暴雨形成，具有峰高、量大、历时长的特点，洪水过程以多峰型为主。北江的较大洪水主要发生在5—6月，4月、7月也会发生较大洪水，由于流域坡降较陡，洪水汇流迅速，猛涨暴落，峰高而量较小，历时相对较短，水位变化较大，具有山区性河流的洪水特点。西江、北江和东江的马口站、三水站、博罗站年最大洪峰流量出现概率见表 2.2-1。西江、北江在思贤滘沟通后向下游马口站、三水站分流调节，进入西北江三角洲网河区。马口站、三水站以下总体上呈现西江洪水的过程特点，其中 5—9 月为天然流量最大的几个月，见表 2.2-2。东江洪水一般出现在 5—10 月，其中 5—9 月为天然流量最大的几个月，见表 2.2-3。

表 2.2-1　马口站、三水站、博罗站年最大洪峰流量出现概率

水文站名	资料年限	各月出现的概率/%							
		3月	4月	5月	6月	7月	8月	9月	10月
马口站	1900—2020年		1.7	9.2	42.5	30.0	14.2	2.5	
三水站	1900—2020年		1.7	10.8	42.5	29.2	13.3	2.5	
博罗站	1954—2020年	1.5	3.0	9.0	38.8	14.9	14.9	13.4	4.5

表 2.2-2　西江、北江多年平均逐月天然流量（马口站流量+三水站流量）过程表

月份	4月	5月	6月	7月	8月	9月	10月	11月	12月	1月	2月	3月	年均值
流量/(m^3/s)	6960	12492	18738	17514	14947	10283	5959	4414	2909	2593	2777	3704	8608
比例/%	6.7	12.1	18.1	17	14.5	10	5.8	4.3	2.8	2.5	2.7	3.6	100

表 2.2-3　东江博罗站多年平均逐月天然流量过程表

月份	4月	5月	6月	7月	8月	9月	10月	11月	12月	1月	2月	3月	年均值
流量/(m^3/s)	703	987	1533	1050	1025	882	536	410	375	371	384	472	727
比例/%	8.1	11.3	17.6	12	11.7	10.1	6.1	4.7	4.3	4.2	4.4	5.4	100

2.3 洪峰过程

如实测 2005 年 6 月洪水（以下简称“05·6”洪水），由于洪水过程较缓，思贤滘日均流量过程与逐时流量过程趋势高度一致[1]，洪峰为 69500m^3/s、洪峰当天的日均流量 68900m^3/s，相差也很小，如图 2.3-1 所示。考虑资料获取和分析手段限制，可采用统计实测较大洪水过程中日均流量达到特定阈值（多年平均洪峰流量以上和 5 年一遇设计洪水以上）的总场次、流量阈值以上的持续

[1] 思贤滘流量为马口站流量与三水站流量之和。

天数分析洪峰过程的特点。

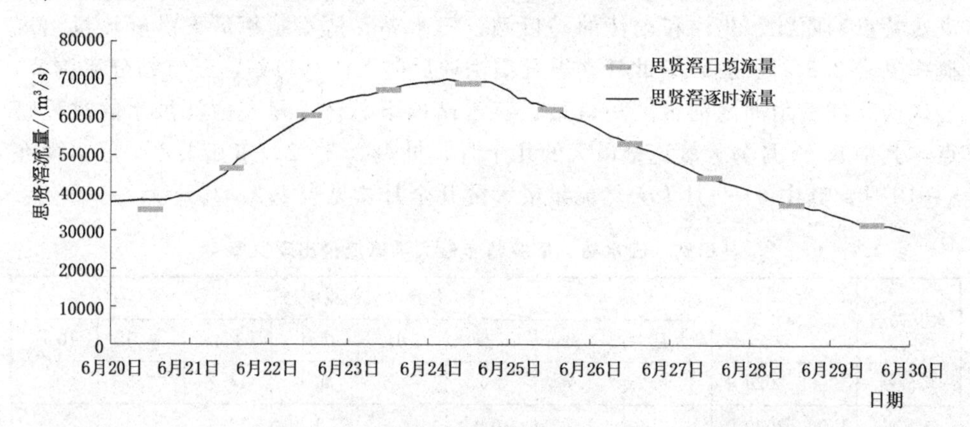

图 2.3-1 “05·6”洪水期间思贤滘逐时流量过程与日均流量过程

因此，洪峰时段为洪峰达到特定量级（洪峰流量均值和5年一遇设计洪水以上）的平均持续天数。根据统计，西江高要站、石角站、三水站、马口站相应洪峰时段在2.3～5.2d，因此洪峰时段可取峰值流量前后5d。

2.4 区域暴雨类型

珠江流域地处我国南部低纬度地带，多属亚热带季风区气候，水汽丰沛，暴雨频繁。由于流域广阔，东部与西部、南部与北部以及上、下游之间的地面高程差异较大，地形、地貌变化复杂，气候及降雨、暴雨量级的差异和沿程变化极为明显。珠江流域暴雨类型主要有锋面暴雨和台风暴雨。

粤港澳大湾区位于珠江三角洲，海拔200m以下，地势平坦，以南亚热带季风气候为主，四季不明，高温多雨。每年6—10月常有台风影响，降雨集中，天气最热，多雨季节与高温季节同步，年均降水量1500mm以上。

2.5 暴雨过程

据统计，我国华南地区暴雨过程持续的时间平均为3.2d。根据高要站、珠海站、南沙站等站点逐日降水量资料，统计达到特定阈值（年最大日降雨量均值、5年一遇设计暴雨）的持续日数，统计在同一年阈值以上日降雨量的次数。

统计达到年最大日降雨量均值以上次数及持续天数，其中高要站有27次，斗门站（珠海站）有 24 次，南沙站有 24 次，以上站点持续天数均为 1d。统计达到 5 年一遇设计暴雨以上次数及持续天数，其中高要站有 11 次，斗门站（珠海站）有 7 次，南沙站有 10 次，以上站点持续天数均为 1d。

根据以上分析，暴雨时段达到特定量级（年最大暴雨均值和 5 年一遇设计暴雨以上）的平均持续天数均为 1d，因此暴雨持续时间可取暴雨峰值前后 3d。

2.6 极端暴雨的时空分布特点

根据典型暴雨时空分布特点，分析粤港澳大湾区是否存在同时出现大范围全覆盖的极端暴雨，需要泵站工程全部开启从而导致排涝流量大幅增加影响行洪的情况。

2018 年，受第 4 号台风“艾云尼”（热带风暴级）和西南季风共同影响，6 月 5—9 日大湾区出现了持续性的暴雨、大暴雨、特大暴雨天气过程，造成香港、澳门、江门、肇庆、佛山、广州、东莞和深圳等多个城市发生内涝。6 月 8 日珠三角国家气象观测站和香港、澳门共 26 个观测站平均日降水量 166.4mm，其中花都观测到的 2018 年大湾区 26 个气象观测站的最大日降水量 286.4mm，打破该站 60 年日降水量历史纪录。以佛山为中心，肇庆东部、清远南部、广州白云等地形成一个特大暴雨中心，中心区降雨量普遍达到 200mm 以上。

据广东省应急管理厅统计，台风“艾云尼”造成珠三角的江门、广州、惠州、东莞、肇庆、中山等 6 市受灾，直接经济总损失 26 亿元。可见，在一次典型的特大暴雨过程中珠江三角洲很可能都达到较大量级的雨量，因此可推测珠江三角洲极端暴雨条件下泵站工程存在同时开启排放的可能性。

第3章

潮 汐 特 性

3.1 天文潮特性

3.1.1 潮型、潮周期和潮差

珠江河口潮汐属不规则半日潮，日潮不等现象显著。珠江河口潮位在一天内两次高潮和两次低潮的潮位均不相等。月内有朔、望大潮和上、下弦小潮，半月潮约14.8d为一周期。在径流、风和地形影响因素较小时，珠江河口各水位站点潮汐相位相差数小时内，以2020年1—2月枯季三灶站、赤湾站逐时潮位资料分析，可知在口门以外的三灶站和赤湾站，其涨落潮历时几乎相等，潮水过程呈对称形式，如图3.1-1所示。三灶站、赤湾站潮汐特征潮汐过程相位相差约2h，差异较小；当三灶站、赤湾站半月潮周期大潮期出现最高潮位前后时出现最大潮差，最高潮位和潮差基本同步。

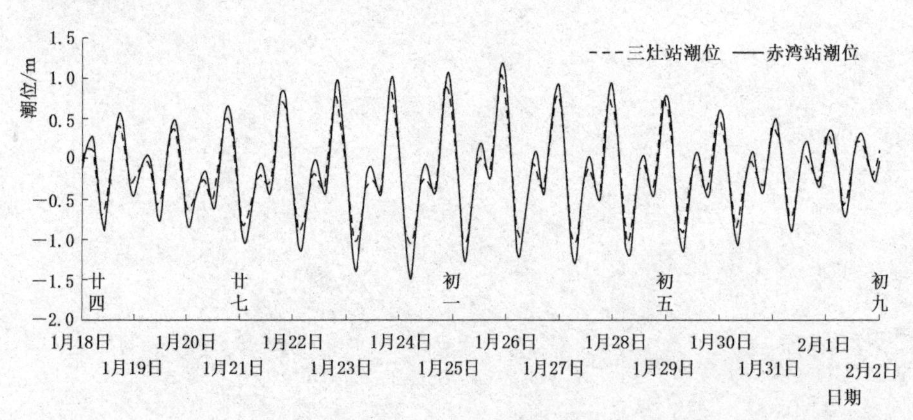

图3.1-1　2020年1月18日至2月2日半月潮周期三灶站、赤湾站潮位过程

珠江河口在一年中夏潮高于冬潮，最高最低潮位分别出现在秋分和春分前后，且潮差最大，夏至、冬至潮差最小。上游径流大小和台风对潮位有很大影响，最高潮位一般出现于汛期，以7月为最高，3月最低。高、低潮年际变化不大。

珠江河口涨、落潮历时比值不大，在口门以外的三灶站和赤湾站，其涨落潮历时几乎相等，潮水过程呈对称形式。口门以内，不论洪季或枯季，涨潮历时均较落潮历时为短，落潮历时与涨潮历时比值有向上游递增的趋势。落潮历时与涨潮历时比值与各河道径流的相对强弱有关，以磨刀门为最大，虎门最小。其次，枯季涨潮历时比洪季长，落潮历时则相反，这与径流季节性变化影响有直接的关系。

珠江河口属弱潮型河口，潮差较小，平均潮差仅1m左右，最大潮差可达3m以上。蕉门、洪奇门、横门、鸡啼门、虎跳门等径流控制为主的河优型河口，潮差自口门向上游沿程递减。虎门、崖门等潮汐控制的喇叭形河口，潮差往上游沿程有递增趋势。潮差的年际变化不大。

3.1.2 潮龄

根据受径流影响较小的珠江河口西侧三灶站和东侧大虎站的观测统计资料，分析研究两站10年间半月潮周期内大潮期最高潮位、最大潮差（连续出现的高高潮与低低潮的差值）规律，可见朔望半月潮周期内，三灶站、大虎站大潮期最高潮位最大概率出现在初二和十七，其潮龄约为［最大潮位出现时间与朔日（农历初一）、望日（农历十五）的间隔］为1d和2d，详见表3.1-1。

表3.1-1 三灶站、大虎站半月潮周期内大潮期最高潮位、最大潮差出现日概率统计表

半月潮周期	日期（农历）	出现日概率/%			
		三灶站		大虎站	
		最高潮位	最大潮差	最高潮位	最大潮差
朔	二十七	3	1	1	0
	二十八	5	5	4	5
	二十九	9	13	9	7
	三十	7	8	5	9
	初一	18	17	17	18
	初二	19	17	18	27
	初三	16	18	18	13
	初四	13	14	16	10
	初五	10	7	11	11

续表

半月潮周期	日期（农历）	出现日概率/%			
		三灶站		大虎站	
		最高潮位	最大潮差	最高潮位	最大潮差
望	十一	3	1	2	0
	十二	1	1	0	1
	十三	5	5	2	4
	十四	12	10	13	9
	十五	13	16	17	16
	十六	18	16	13	16
	十七	18	20	25	22
	十八	13	16	13	16
	十九	17	15	16	16

注 三灶站统计时间为2007—2017年，大虎站统计时间为2010—2018年。

3.1.3 高潮位分布（潮汐影响为主的）

统计珠江河口外海、各口门站点历年1月、5月、10月（受台风、径流影响较小的月份）月平均高潮位和年最高潮位（洪水和台风作用为主），如图3.1-2所示，其平面分布有以下主要特征：

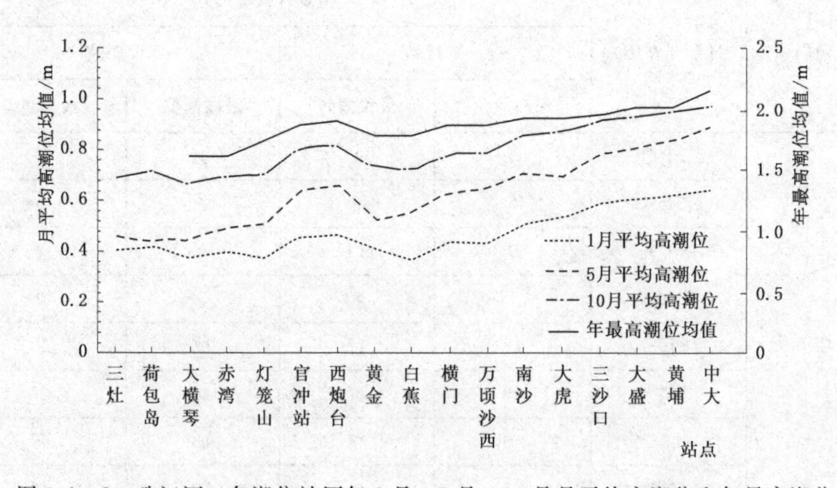

图3.1-2 珠江河口各潮位站历年1月、5月、10月月平均高潮位和年最高潮位

(1) 外海站点。荷包岛站—三灶站—大横琴站—赤湾站一线偏外海的站点高潮位差异较小，普遍较低。

(2) 河口湾站点。受河口湾逐步缩小潮汐聚能影响，在伶仃洋喇叭口河口湾，自横门站—万顷沙西站—南沙站—大虎站—三沙口站—黄埔站—中大站，高潮位逐步增加；在黄茅海河口湾，官冲站—西炮台站的潮位比外海站点的潮位要高。

(3) 径流控制的口门站潮位与外海站点潮位相当。

3.2 风暴潮特性

3.2.1 风暴潮位大小的影响因素

风暴潮位大小的影响因素主要包括台风强度、路径、壮度（尺寸）、移动速度、最低气压和台风本身的结构，河口附近岸线地形、风暴潮期间上游径流大小，风暴潮增水叠加不同的天文潮位（农历日）等。

3.2.2 台风强度

结合珠江河口潮位站建站以来的实测资料，一般距离珠江河口最近时风速达到12级以上台风才会引起珠江河口出现实测前10的最高潮位。其中引起珠江河口站点出现实测前3最高潮位的台风有1822号台风“山竹”、1713号台风“天鸽”和0814号台风“黑格比”，它们距离珠江河口最近时，风速均为15级强台风。

3.2.3 台风登陆路径分布

统计珠江口12次台风登陆产生最大风暴潮位时的台风路径分布，一般呈现自吕宋岛北从东南向西北接近珠江河口一带，12次台风有10次在珠江河口伶仃洋西侧的澳门—阳江登陆、引起严重的风暴潮，另外2场在珠江口东侧登陆，其中1场掠过广州市区。珠江河口西侧登陆的台风，其威胁较大，原因是热带气旋在北半球是逆时针旋转，当热带气旋在珠江河口西南面掠过时，珠江口位于螺旋右臂雨带内，向岸风引起大量海水从外海在河口湾堆积，推高风暴潮水位。台风若是从珠江口东侧（即香港以东）登陆，其影响相对较小。

另外，上述台风如偏北绕过菲律宾吕宋岛，从吕宋海峡经过，会维持更强的台风结构，相对引起更严重的风暴潮。

3.2.4 台风壮度（尺寸）、移动速度、最低气压

相对而言，更大尺寸的台风风场会推动更广阔的海洋范围，影响时间也会

较长，因此会产生较大的风暴潮位。一般来说，移动速度较快的台风会提升风速，台风的增水和破坏力增强，因而引起的风暴潮水位越大。热带气旋中心的低气压也会增加风暴潮的高度；由于在热带气旋边缘的气压较高，外围的海水会被压低，而热带气旋中心附近的海水则会被吸起；最低气压越低的台风强度也更大，能引起更大的风暴潮位。

3.2.5 海岸线形状和近岸地形

台风对于内凹的海湾相对于外凸的海峡引起更高的风暴潮位，当海水被向岸风推向岸边时，海湾更易将海水堆积而令风暴潮位升高，珠江漏斗状弧形河口岸线会增高风暴潮位。另外，由于能量守恒原理，从深海吹向岸的风暴潮，到达海床浅的地方会较海床深的地方产生较大风暴潮位，珠江河口属于近岸滩地的宽度较大和坡度较缓的河口，更易于增加风暴潮位。

3.2.6 热带气旋影响的月分布

根据香港天文台历年热带气旋警告信号的月分布概率，和相关规划统计掠过或登陆珠江口热带气旋的月分布概率，见表3.2-1。可见影响珠江口的热带气旋主要分布在6—10月，影响最大的三个月是7—9月。风暴潮出现概率最大三个月与洪水出现的6—9月相近。

表3.2-1　　热带气旋出现的月分布概率统计表

月份		1月	2月	3月	4月	5月	6月	7月	8月	9月	10月	11月	12月
概率/%	香港一号或以上				1	3	13	23	21	23	14	2	0
	香港三号或以上				1	4	11	24	19	24	16	2	0
	香港八号或以上					4	8	24	26	26	11	1	
	香港九号或以上					5	5	14	35	27	14		
	统计珠江口				1	4	10	21	20	26	15	3	

3.2.7 风暴潮、天文潮的遭遇分析（台风登陆的农历日分布）

根据登陆珠江河口附近实测长系列台风数据，统计台风登陆时遭遇天文潮（农历日）的情况，受台风影响对应大、中、小潮期的概率分别为32.4%、40.7%、26.9%。实测数据反映风暴潮与天文潮的遭遇没有明显规律。

3.2.8 风暴潮持续时间和潮峰过程统计

珠江河口自20世纪80年代发生的较大台风有8309号、8908号、9316号、0104号、0307号、0814号、0915号、1713号和1822号台风，且总体上近年来台风造成的最高潮位逐渐升高。受资料限制，主要以三灶站等受洪水影响较小的口门站点历史上最大3次最大风暴潮发生前后5天的逐时潮位过程、逐潮高低潮位，分析风暴潮的持续时间。通过分析可知，台风在珠江河口潮位峰值超过1m（珠江基面高程）的时间不超过1天，但也说明台风增水迅速，具有骤然性，如图3.2-1所示。

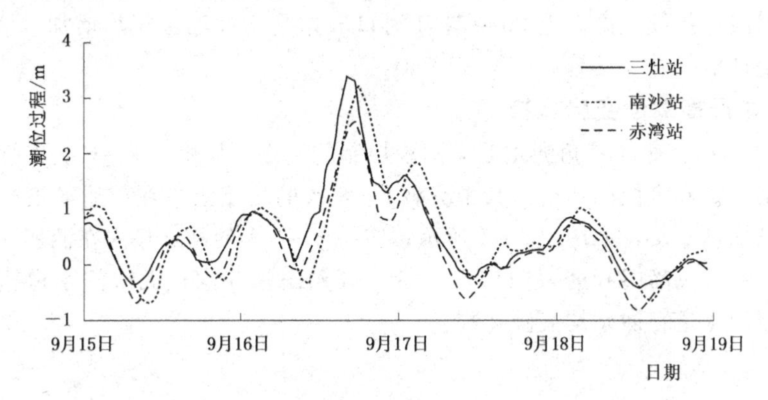

图3.2-1 “1822”台风发生前后5天逐时潮位过程

由于风暴潮持续时间相对较短，相应潮峰时段可根据珠江河口历年风暴潮过程特点确定为最高潮位出现日的前后3天。

3.3 气候变暖情况下的珠江河口潮位变化和预测

3.3.1 观测到全球和珠江河口附近的气温变化

近年来，二氧化碳浓度加大、全球气温急速升高，全球平均陆地和海洋表面温度的线性趋势计算结果表明，在1880—2012年间温度升高了0.65～1.06℃。基于现有的一个单一最长数据集[4]，1850—1900年和2003—2012年的平均温度之间的总升温幅度为0.72～0.85℃。

根据1885—2015年香港平均温度变化趋势，1885—2015年温度升高1.7℃[5]。根据广州市气象局发布的资料统计分析，近100年气温升高趋势明显，上升了1.4℃；20世纪80年代以来增暖趋势最强，特别是进入21世纪以来，是广州有气象记录以来最暖的时期。

3.3.2 珠江口近年海平面变化

根据《2022年中国海平面公报》[6]，中国沿海海平面变化总体呈加速上升趋势。1980—2022年，中国沿海海平面上升速率为3.5mm/a；1993—2022年，中国沿海海平面上升速率为4.0mm/a，高于同时段全球平均水平。1980—2021年，珠江河口所在广东省沿海海平面上升速率为3.4mm/a。香港维多利亚港海平面1954—2015年每年上升约3mm，近30年上升速率约7.3mm/a[7]。

实测资料表明，珠江河口平均高低潮位和年最高潮位等均较以前呈现不断加大的趋势。根据珠江河口磨刀门灯笼山、伶仃洋三沙口、南沙和万顷沙西统计成果，1980 年前后珠江河口平均高潮位（12 月至翌年 2 月受台风和径流影响较小的时段）持续升高，近 30 年珠江河口五站平均高潮位年均增加 8.2mm/a，与香港统计资料基本接近。

3.3.3 年最高潮位变化趋势

1990 年后，珠江三角洲主要受潮汐控制的站点，均出现 2～6 次连续突破实测系列最高洪潮水位的情况。其中突破 5～6 次的站点集中在前后航道—沥盛围附近，黄埔站 6 次，如图 3.3-1 所示；突破 3～4 次的站点集中在沥盛围—赤湾一带、三灶—鸡啼门和磨刀门口门一带，灯笼山站 3 次；虎跳门水道横山—西炮台、崖门水道官冲站均突破 2 次。

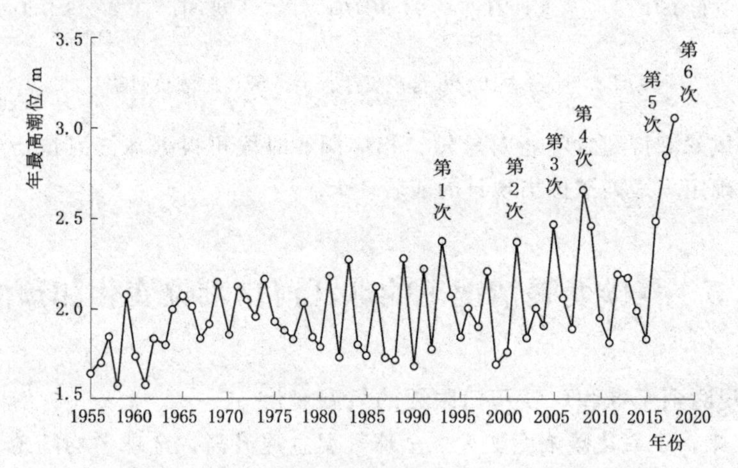

图 3.3-1 黄埔站年最高潮位变化和连续 6 次突破实测系列最高洪潮位

3.3.4 海平面上升预测

IPCC 引入了 RCP2.6、RCP4.5 和 RCP8.5 等代表不同温室气体排放路径的情景模型，用来预测气候变化及其影响。其中，RCP2.6（下界）代表的是低温室气体排放、高度减缓的未来情景。如果严格执行《巴黎协定》，该情景有 2/3 的机会到 2100 年可将全球变暖限制在低于 2℃。相比之下，RCP8.5（高排放场景）是高温室气体排放情景，即没有应对气候变化的政策，因而可导致大气中温室气体浓度不断持续增长。根据 IPCC 第六次评估报告（AR6，2019 年编制）的分析成果，在 RCP8.5 情景，如图 3.3-2 所示，2100 年海平面将达到 0.84m（0.61～1.10m）[7]。预估值的可能区间的上限达到 1.1m，比 IPCC 第五次评估报告（AR5，2013 年编制）的预估上限高 0.1m，反映了第六次评估报告进一步预估的南极冰盖冰损失更大，可能会造成更高的海平面上升。

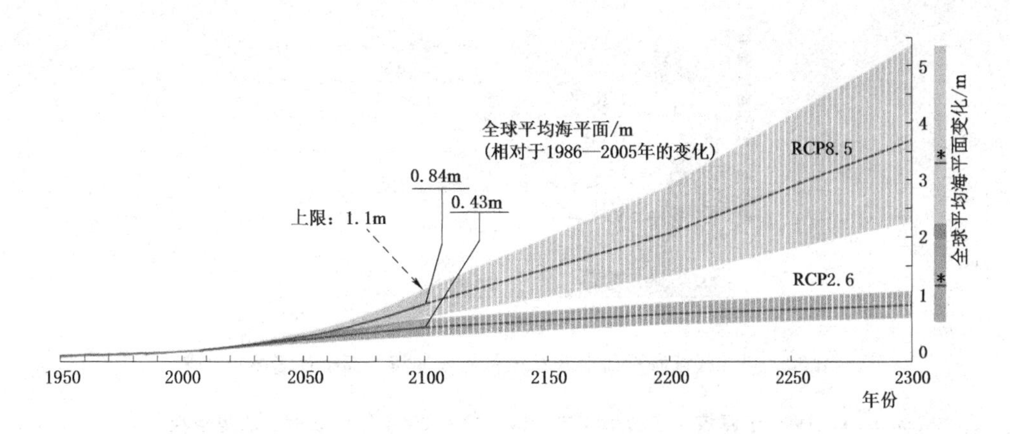

图 3.3-2 IPCC 第六次评估报告（AR6，2019 年编制）全球平均海平面上升预测

3.3.5 对风暴潮位的影响预测

风暴潮系由强烈的大气扰动（热带气旋和温带气旋）所引起的海面异常升高现象。全球气温升高，西北太平洋海表温度也将可能上升，导致西北太平洋热带气旋年均生成频次和登陆影响中国的热带气旋频次均可能增多。在全球温度上升高于任何基准期 2℃的情况下，预估热带气旋的平均强度、4 级和 5 级热带气旋（强台风和超强台风）的比例以及相关平均降水率均会增加。平均海平面上升将会促成与热带气旋相关的更高极端海平面。风暴潮平均强度、幅度以及热带气旋降水率的增加将加剧海岸带灾害。

全球平均海平面上升将导致大部分地区极端海平面事件发生的频率增加。极端海平面事件是指叠加风暴潮、波浪、海岸侵蚀等因素的影响。根据 IPCC 预估[7]，到 2100 年大部分地区历史上每 100 年发生一次的局地极端海平面事件至少会每年发生一次；到 2050 年许多低地大城市和小岛屿至少会每年出现一次 100 年一遇的事件，如图 3.3-3 所示。

对照珠江河口，自 20 世纪 90 年代以来，已持续出现台风暴潮引起最高潮位不断且大幅突破以往最高潮位的情况。1999 年完成的《珠江流域主要水文站设计洪水、设计潮位及水位-流量关系复核报告》认定 1993 年、1989 年重现期为 100 年一遇的实测最高潮位，对照 2024 年完成的《珠江河口综合治理规划（2021—2035 年）主要测站设计潮位复核报告》复核成果（以下简称 2024 年复核成果），相应约为 20 年一遇，见表 3.3-1。可见随着海平面上升和设计潮位调整，20 年前认定的 100 年一遇设计潮位按最新复核成果仅为 20 年一遇。

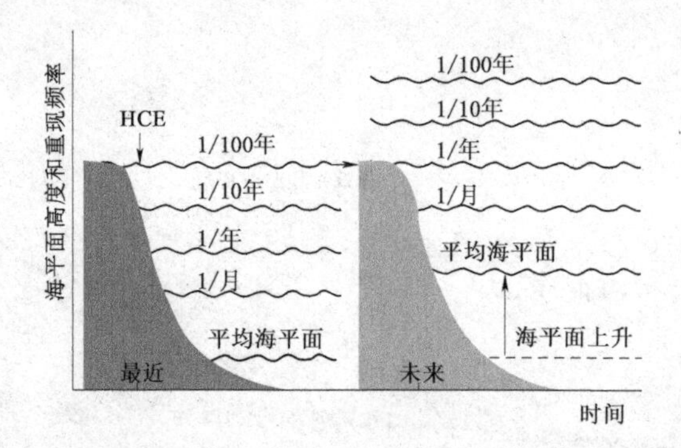

图 3.3-3 区域海平面上升对预估的极端海平面事件影响示意❶

表 3.3-1 1999 年复核认定的 100 年一遇水位按 2024 年复核对应的重现期

潮位站点	1999 年复核认定的 100 年一遇实测水位/m	按 2024 年复核对应的重现期/年
灯笼山	2.65	<50
黄金	2.44	20
三灶	2.58	20
横门	2.62	20
万顷沙西（二）	2.58	<20
南沙	2.68	20

另外，香港特别行政区渠务署资料显示[10]，尖鼻咀潮位站（位于深圳湾南侧）设计潮位系列由 1990 年延长至 2017 年后，100 年一遇设计水位增加 0.55m，同样反映海平面上升后，原 100 年一遇设计潮位 3.85m 比复核后 20 年一遇设计潮位 3.74m 仅高 0.11m。

❶ 图 3.3-3 引自 2021 年 IPCC 发布的《2021 年气候变化：物理科学基础》，其中以“1/100 年”“1/10 年”“1/年”“1/月”表示海平面高度重现频率，这种表示方法更为科学。在讨论与沿海和沿河洪水相关的危害时，使用“100 年一遇”和“500 年一遇”这两个术语，可能会误导人们，让人对洪水危害产生错误的认识。实际上，100 年一遇的洪水并不是指该水位的洪水每 100 年出现一次，而是指达到或超过该水位的洪水在任何一年都有 1%的概率发生。也就是说，如果某年某地遭遇了 100 年一遇的洪水，该地在下一年再次发生 100 年一遇洪水的概率并不会降低。但使用“1%”描述洪水发生情况也会令人产生误解。1%的概率指的是任何一年发生洪水的概率，但是如果从更长的时间框架来看一次洪水发生的概率，则概率是复合的。这意味着，随着考虑的年数增加，洪水发生的概率也会更高。因此，虽然位于年概率为 1%的洪泛区的建筑物在任何一年遭遇洪水的概率为 1%，但在 30 年内，它遭遇洪水的概率为 26%。同理，500 年一遇的洪水并不是指该水位的洪水每 500 年发生一次，它在任何一年发生的概率为 0.2%。

3.4 咸潮特性

珠江河口咸潮主要受径流及潮汐动力作用影响，还与河口形状、河道地形、水深、风力风向、海平面变化等因素影响有关。

珠江河口区含氯度变化过程具有明显的日、半月（农历日）、洪枯季节变化的周期性。一日内两次高潮对应两次较大含氯度，两次低潮对应两次较小含氯度。农历每月的“朔”（初一至初三）、“望”（十五至十八）前后为大潮期，农历初八、二十三前后为小潮期，朔望月出现两个从大潮到小潮的半月潮周期，半月潮周期内河口含氯度也具有较强周期性。含氯度变化还取决于上游径流大小等因素，汛期径流大咸界下移甚至消失，枯季径流减少咸界上移。

3.4.1 上游径流对取淡概率影响分析

12月至翌年2月为西北江三角洲最枯三个月，也是咸潮影响最严重的时期。上游径流量大小是咸潮上溯距离的最直接影响因素。实测资料分析表明，含氯度与上游径流量特别是月平均流量、半月潮平均流量有较好的相关性，上游径流量小时，测站含氯度大；上游径流量大时，测站含氯度小，这是咸潮多发生于枯水期的主要原因。

西江磨刀门水道和北江沙湾水道的取水点，月平均流量与取淡概率具有较好的相关性。2015—2016年思贤滘12月至翌年2月平均流量达到8747m^3/s，此时西江、北江下游径流较大均无咸潮发生，取淡概率达到100%。

3.4.2 潮位、潮差、潮龄与半月潮周期（农历日）关系分析

在径流、风和地形影响因素较小时，珠江河口各站点潮位过程相差在数小时内。以2020年1月19日至2月2日半月潮周期的逐时潮位过程为例，三灶站（对应平岗泵站）、三沙口站（对应沙湾水厂）潮汐过程相位差约2h，差异较小；三灶站、三沙口站半月潮周期内大潮期间同步出现最高、最低潮位和最大潮差；三灶站、三沙口站潮龄［最大潮位出现时间为农历初二与朔日（农历初一）的间隔］均为1d。

采用受径流影响相对较小的珠江河口西侧三灶站和东侧大虎站，分析长系列半月潮周期内大潮期间最高潮位、最大潮差统计规律，结果见表3.1-1。朔望半月潮周期内三灶站、大虎站大潮期最高潮位、最大潮差基本同步，最大概率出现在农历初二和十七，其潮龄［最大潮位出现时间与朔日（农历初一）、望日（农历十五）的间隔］为1d和2d。

3.4.3 磨刀门水道、沙湾水道含氯度超标与半月潮周期关系分析

磨刀门水道、沙湾水道含氯度的半月变化主要与潮流半月周期有关。根据以往分析成果，在上游流量偏枯的情况下，磨刀门咸潮在半个月为周期的天文潮期中，由小潮转大潮期间含氯度明显增大，由大潮转小潮含氯度明显减小，咸潮峰值出现在大潮前3～5天。

珠江河口地区咸潮受径流、潮汐、风、波浪和地形等多种因素影响。为分析咸潮和潮汐半月规律关系，利用2005—2020年潮位和含氯度长系列资料，通过多年资料均化不同年月径流、风、波浪和地形等影响，建立长系列磨刀门水道和沙湾水道取水口咸潮超标概率与农历日、最大潮差的关系，统计分析半月潮周期内西江、北江下游咸潮的变化特点，分析咸潮出现的最大概率，可知：

(1) 磨刀门水道咸潮峰值较沙湾水道咸潮峰值提前4～5天，具有不同步性。沙湾水道咸潮峰值出现时间与三灶（大虎）站最大潮差基本同步，出现在农历初二和十七。磨刀门咸潮峰值出现在农历二十七和十三，较沙湾水道咸潮峰值出现时间与三灶（大虎）站最大潮差提前出现5天和4天。两主干河道咸潮峰值出现时间具有4～5天的不同步性。

(2) 磨刀门水道咸潮谷值较沙湾水道咸潮谷值提前3天，具有不同步性。沙湾水道咸潮谷值出现时间与三灶（大虎）站最小潮差基本同步，出现在农历初九和二十四。磨刀门咸潮谷值出现在农历初六和二十一，较沙湾水道咸潮谷值出现时间提前3天。两主干河道咸潮谷值出现时间具有3天的不同步性。

(3) 磨刀门咸潮超标和不超标时间有很强的连续性和集中性。朔望月两个半月潮周期内，稔益、全禄、竹洲头、平岗、南镇咸潮最强的两个连续5天是农历二十五至二十九和农历十一至十五，强咸潮周期超标时间占总超标时间的72.7%；咸潮最弱的两个连续5天是农历初四至初八和农历十九至二十三，弱咸潮周期超标时间仅占总超标时间的2.4%。其余时间在强弱咸潮之间。

第4章

设 计 潮 位

4.1 基 本 情 况

珠江三角洲潮位站分布在网河区及口门区干、支流上，水位受上游洪水和海洋潮汐的共同影响。珠江三角洲潮位站大部分建于1952年7月以后，实测系列大都超过50年，其中大虎站建于1984年的实测系列也超过30年，满足趋势分析和规范复核计算要求。

在全球气候变暖与海平面上升的情况下，20世纪90年代以来，珠江河口相继发生了3次较大洪水和7次较强台风，造成大部分站点的潮位不断突破实测系列最高值。据统计，珠江河口主要受潮汐影响和同时受洪潮影响的站点的最高潮位，1990—2018年的30年比1990年之前的30年最高潮位平均升高0.62m。珠江三角洲大部分站点的潮位不断突破实测历史最高潮位，站点最高潮水位设计值有增大的趋势。2017年“天鸽”、2018年“山竹”两场强台风就使广州至虎门出海水道、内伶仃洋东岸最高潮位增大0.40～0.59m，大约相当于增加了两级频率的水位差（东四口门各站点50～100年跳频❶、100～200年跳频的水位平均值为0.24m）。

2011年之后的珠江三角洲防洪潮工程设计潮位主要参考2011年珠江委《关于发送珠江三角洲主要测站设计潮位复核成果协调会会议纪要的函》（珠水规计函〔2011〕312号）发布的成果（主要成果经水利部水利水电规划设计总院〔2018〕1142函审查同意）[9-10]。由于该成果计算系列仅到2010年，考虑2017

❶ 设计水位跳频是指结合珠江三角洲堤防工程建设的实际情况，以工程设计频率2%、1%、0.5%设计水位为参照，若某潮位站2%设计潮位复核后升高且大于或等于复核前1%的设潮水位，或若1%设计潮位复核后升高且大于或等于复核前0.5%的设计潮位，则认为复核后成果较复核前潮位成果增加较多、设计潮位变化出现频率跳级。

年1713号台风“天鸽”、2018年1822号台风“山竹”影响，《珠江河口综合治理规划（2021—2035年）主要测站设计潮位复核报告》将计算系列延长至2018年，分析了珠江河口站点实测最高洪潮水位的影响因素和变化趋势，在区域协调、面上平衡的基础上，提出了推荐成果。

4.2 潮位资料可靠性、一致性和代表性

4.2.1 资料可靠性

除少数站的部分年份因为搬迁、停测、缺测，遵照以往成果处理规则进行插补延长，其余采用年最高潮位资料均为年鉴或已整编的资料，这些资料及计算成果历经多次规划审查，资料可靠。

4.2.2 资料一致性

对有迁移、变动的测站，均将迁移、变动前的水位换算到现址处的水位。经对各站资料系列分析，除个别站的特殊年份外，均无异常现象。

4.2.2.1 冻结基面与珠江基面的换算关系

在水文年鉴中，各站的水位及高程资料是以各站的冻结基面刊布，并列出“冻结基面”与珠江基面的关系式。由于测站的冻结基面虽然保持统一系列，但流域水准点的珠江基面以上高程则因水准网的复测平差等原因往往有所调整，一般是成果越新，精度越高。根据珠江三角洲各站点历年资料，珠江三角洲潮位站主要在2005年进行水准网的复测平差后采用新的基面关系式至今。

4.2.2.2 人类活动和自然因素的影响

人类活动和自然因素对珠江三角洲资料系列的一致性造成一定影响。新中国成立以来，珠江三角洲联围筑闸和跨河建筑物修建，河口滩涂利用、河口整治、河口延伸和河口的自然演变，20世纪90年代由于挖沙引起的三角洲中上部河床的大幅下切以及河口地区海平面持续上升等因素，均不同程度地使潮位发生了变化，一致性受到影响。郁江下游及浔江沿江各地自1956年开始逐年修筑堤防，并逐年加高加固，在防御洪水威胁的同时，河道对洪水的槽蓄能力逐年减弱，上游洪水归槽对珠江三角洲水位的变化也有一定的影响。

珠江三角洲是世界上最复杂的河口三角洲之一，也是人类活动对河口三角洲改变最剧烈的河口三角洲之一，目前尚无法精确、合理、大范围、大时间尺度地对水位系列的一致性进行处理，且以往成果均采用实测资料进行计算和复核，考虑到与以往成果进行对比分析，本次也沿用实测资料进行计算和复核。

4.2.3 资料代表性

珠江河口潮位站的潮水位资料统计时间大多为20世纪50年代至2018年，

潮水位实测系列的时长在35～68年，平均实测时长超过60年，达到《水利水电工程水文计算规范》（SL/T 278—2020）规定的“有30年以上潮水位资料系列”的要求。其中，主要受洪水影响的站点，一般都包括丰水、平水、枯水等典型年；主要受潮汐影响的站点，一般也都包括各种潮期、潮型及发生风暴潮的典型年。

4.3 重现期

珠江三角洲面临南海，易受台风袭击。主要受潮汐影响的站点，由天文潮叠加台风增水往往形成年最高潮位，甚至不断突破实测最高潮位。按照以往成果惯例，对于主要受潮汐影响的站点，需要确定历史最高潮位的重现期并进行特大值处理。

依照以往成果惯例，设计潮位重现期顺延至120年。重现期的确定主要依据如下。

4.3.1 1999年复核的重现期确定

根据水利部水利水电规划设计总院（以下简称水利部水规总院）等单位协调通过的1999年复核成果（系列至1998年），南沙、万顷沙西、横门、三灶、黄金、灯笼山等口门站点的重现期定为100年。其依据是：广州浮标厂（二）站因9316号台风所引起的异常增水是该站自1908年建站以来的除1915年外的最高水位；根据广州浮标厂（二）站的资料系列，认定1993年的最高潮位是20世纪以来排第一位潮位，重现期定为100年。

广州浮标厂（二）站年最高潮位系列基本能代表整个珠江河口受台风暴潮的影响趋势。珠江河口自20世纪90年代以来，产生实测最高潮位的7次台风暴潮的年份中，广州浮标厂（二）站有6次也发生了实测系列的前6位潮位；同时广州浮标厂（二）站也受洪水影响，该站1915年洪水、1994年6月洪水、“98·6”洪水和“05·6”洪水也产生实测系列最高洪水位。1915年洪水产生的最高水位较其他实测洪潮水位高很多，但该水位是由西江、北江、东江三江洪水遭遇，西江干流肇庆景福围决堤导致西江洪水入侵北江，同时北江东岸的石角围、永丰围等漫顶或溃决，洪水经由广州西北方的平原漫流并经由广州附近前后航道入海，又适逢大潮顶托而造成。综合上述分析，剔除因洪水引起的最高水位数据，从广州浮标厂（二）站自1908年建站以来的年最高潮位系列可看出，受台风影响的年高潮位发生的趋势逐步升高。20世纪50年代以前，该站基本没有台风造成特大风暴潮位，因此可推断其他河口站20世纪初到各站建站以来，形成因台风而造成的特大风暴潮位的可能性较小。

4.3.2 历次成果重现期的顺延

2011年珠江流域规划在1999年复核重现期100年的基础上，实测系列长度延长了1999—2008年共10年数据，因此重现期也顺延至110年。2018年复核，实测系列长度延长了2009—2010年共2年数据，因此重现期也顺延至112年。

上述重现期的处理经珠江委组织召开的成果协调会认可，认为“本次设计潮位复核对特大值重现期的处理是合适的”，并最终纳入珠江流域规划最终成果。在2018年复核中关于重现期的认定，也通过了水利部水规总院的审查。

4.3.3 历史洪水调查资料成果情况

根据1984年珠江委编制的《珠江流域防汛资料汇编》和1991年广东省水利厅编制的《广东省洪水调查资料附录（广州市附近及珠江口门一带水位调查资料）》对珠江河口磨刀门水道河段、鸡啼门水道河段、崖门水道河段和虎跳门水道河段等历史台风暴潮水位的调查成果，珠江河口历史台风暴潮调查期均在20世纪以后，调查历史最高潮位均较实测系列最高潮位要低，因此考证期可以认定是20世纪以来。

另外，根据澳门内港站实测数据，自1925年以来，近年发生的1713号台风、1822号台风和9316号台风为实测系列前三位，也可以印证考证期是20世纪以来。

4.3.4 风暴潮灾害发生情况

根据1991年珠江委编写的《珠江志》、1999年广东省水利厅编制的《广东省水旱风灾害》和1999年广东省文史研究馆编写的《广东省自然灾害史料》等资料，广东省历史风暴潮灾害有记载的时间始于798年，珠江三角洲历史重大台风暴潮灾害主要发生在广州，集中发生在19世纪中后期的1848年、1862年、1874年。从历史文献记载来看，仅1862年珠江口一次风暴潮灾害死亡人数8万余人。根据史料记载，1874年台风于深夜侵袭澳门，巨大的风灾造成澳门5000多人丧生，2000多艘虾艇、渔船沉没，不少楼房屋宇被吹塌，市政厅被摧毁，灾情惨重。香港于1906年和1937年的台风所引起的风暴潮造成严重人员伤亡，这两次的死亡人数分别为1.5万人和1.1万人。死者主要是居住在渔船上的渔民和在沿海生活的人。

但随着社会经济的发展，沿海房屋抗风能力显著加强，海堤建设、台风灾害的预报预警和防灾避灾措施大幅降低了人员的伤亡。仅靠文字描述及灾害对比，难以对历史台风暴潮与近年实测系列的台风引起最高风暴潮的潮位高低进行排序，因此对重现期考证难以延长。

4.3.5 河口潮位站附近的岸滩演变情况

珠江三角洲人类活动频繁，根据珠江三角洲历史演进资料，珠江河口多形成于清代初期至19世纪末，特别是万顷沙和灯笼沙形成仅为100多年，因此在现代珠江河口都未成形的情况下不宜延长调查期。

4.4 特大值处理

2000年后，相继发生了0104号台风“尤特”、0307号台风“伊布都”、0814号台风“黑格比”、0915号台风“巨爵”、1713号台风“天鸽”和1822号台风“山竹”在珠江三角洲造成大部分站点的暴潮水位不断超过实测历史最高潮位的现象。2024年复核时，珠江河口历史最高潮位特大值处理方法在沿用以往成果处理方法的基础上，加入2017年、2018年发生的风暴潮影响，特大值主要根据各站点潮位的相差程度进行区分和采用。对于作特大值处理的站点，其重现期（历史风暴潮位调查考证期）均为120年。

（1）1822号和1713号台风在珠江河口东侧伶仃洋黄埔—赤湾一带，包括黄埔（三）、大盛、泗盛围、二沙口、南沙、大虎、万顷沙西（二）、横门和赤湾共9个站点出现实测系列以来第一、第二位高潮位，且大幅突破第三位0814号台风和原最高潮位年较多（第一位潮位较第二位平均多0.15m，第二位较第三位平均多0.31m，第一位较第三位平均多0.46m），因此将这9站第一、第二位高潮位作特大值处理。

（2）1822号台风在广州前航道中大站出现实测系列以来第一位高潮位，且大幅突破原最高潮位较多（第一位潮位较第二位多0.47m，第二位较第三位多0.03m，第一位较第三位多0.50m），因此将中大第一位高潮位作特大值处理。

（3）1822号和1713号台风在珠江河口西侧磨刀门水道以西一带，包括灯笼山、横山、白蕉、黄金、三灶、大横琴、石咀和三江口等8个站点，部分产生实测系列前1～4位的最高潮位，由于与以往出现的历史最高潮位相差不大，因此在原成果特大值处理的基础上，加入1822号台风、1713号台风的影响。如灯笼山站原成果作特大值处理的2008年和1999年的最高潮位分别为2.69m、2.65m，与2018年和2017年的最高潮位2.88m、2.71m相差不大，第一位较第三位仅增加了0.19m，第一位较第四位仅增加0.23m，因此对2008年、1999年、2017年和2018年相关数据都作特大值处理。

（4）1822号和1713号台风在官冲和西炮台两个站点产生的高潮位小于作特大值处理的2008年和2009年，且与其他年份出现的大值相差不大，因此沿用对2008年和2009年潮位作特大值处理。

4.5 设 计 参 数

2000 年后，相继发生了 0104 号台风“尤特”、0307 号台风“伊布都”、0814 号台风“黑格比”、0915 号台风“巨爵”、1713 号台风“天鸽”和 1822 号台风“山竹”等风暴潮，在珠江河口造成暴潮水位不断超过实测历史最高潮位的灾情。特别是延长系列，考虑 1713 号台风“天鸽”和 1822 号台风“山竹”的影响后，在珠江河口东侧伶仃洋赤湾站—广州浮标厂（二）站一带，最高潮位增加 0.21～0.59m，显示这一带风暴潮影响进一步增大，频率曲线上段要考虑 1822 号台风、1713 号台风的大值变陡、而下段相对变平的情况，因此偏态系数 C_s 与变差系数 C_v 的倍比，可结合实际情况适当增大。

（1）$C_s=8C_v$。大石站、中大站由 $C_s=3.5C_v$ 调整为 $C_s=8C_v$；黄埔站由 $C_s=6C_v$ 调整为 $C_s=8C_v$；珠江河口西侧口门站点官冲站、西炮台站、白蕉站—黄金站、三灶站、灯笼山站—大横琴站维持 $C_s=8C_v$ 不变，三江口站—石嘴站由 $C_s=6C_v$ 调整为 $C_s=8C_v$。

（2）$C_s=12C_v$。伶仃洋大盛站由 $C_s=6C_v$ 调整为 $C_s=12C_v$；三沙口站—赤湾站由 $C_s=8C_v$ 调整为 $C_s=12C_v$。C_s 与 C_v 的倍比增大后，更好考虑这些站点频率曲线的上段和下段，整体适线也更为合适。

4.6 设计潮位采用原则和方法

为反映珠江三角洲河口区面临的防洪潮不利形势，按照偏于安全、兼顾成果使用延续性的原则推荐使用成果，对设计潮位增加较多的站点宜采用 2024 年复核的新成果，对个别设计潮位减少或变化不大的站点采用原成果。根据这一原则，结合珠江三角洲堤防工程建设的实际情况，以工程设计频率 2%、1%、0.5%的设计水位为参照，若某站 2%设计水位的 2024 年复核成果比原成果升高且达到和超过原成果 1%的设计水位，或若 1%设计水位 2024 年复核较原成果升高且达到、超过原成果 0.5%的设计水位，则认为 2024 年复核成果较原成果设计水位增加较多，设计水位变化出现频率跳级。其中跳频的有广州浮标厂（二）、黄埔（三）、竹银、灯笼山、横门、万顷沙西、大石、三沙口、南沙、大盛、泗盛围、赤湾、中大、大虎和三江口等 15 个站点；未跳频的有老鸦岗（二）、官冲、横山、西炮台、白蕉、黄金、三灶、五斗、大横琴和石嘴等 10 个站点。

对于2024年复核计算设计潮位上升且跳频的15个站点，按以往惯例采用2024年复核成果，其中 $P=1\%$ 水位增加0.13～0.60m，水位增幅4.81%～22.81%；对于未跳频的10个站点，本次计算 $P=1\%$ 水位也增加0.01～0.21m，水位增幅0.38%～6.86%。考虑到本次计算系列延长到2018年，已包含近年大台风产生的影响，2024年复核对 C_v 值、C_v 和 C_s 的倍比进行调整，适当增大，比较符合实际，且2024年复核计算未跳频的10个站点的整体水位增加幅度也较大，综合以上原因，对于未跳频的10个站点也推荐采用2024年复核计算成果。

综上所述，2024年复核计算39个站点系列延长到2018年以后，主要受洪水控制的13个站点复核均值下降、设计值下降，其余同时受洪潮影响和主要受潮汐影响的26个站点的设计潮位整体均有明显的增高。IPCC和美欧等发达经济体已陆续开展海平面上升预测、影响分析和应对措施。面对大自然的威力和气候变化的挑战，考虑到珠江河口面临海平面持续上升、风暴潮位不断突破历史纪录的严峻形势，均推荐采用2024年复核成果。

4.7 设计潮位采用

2020年10月，《珠江河口综合治理规划（2021—2035年）主要测站设计潮位复核报告》（以下简称《复核报告》）已经珠江委技术中心组织的技术讨论会同意。2022年8月，水利部水规总院组织开展了技术研讨会，会议认为《复核报告》采用的设计潮位基本合理。2022年9月，根据水利部水规总院《关于印送珠江河口综合治理规划（2021—2035年）审查会议纪要的函》的要求，中水珠江规划勘测设计有限公司进一步补充说明本次推荐采用成果与已有设计潮位成果及珠江流域防洪规划修编的有关成果的协调性，补充主要测站设计潮位频率计算图。根据2023年5月水利部水规总院组织召开的珠江河口综合治理规划（2021—2035年）复审会议意见，进一步平衡并调整了灯笼山站、黄金站、三灶站、赤湾站和大虎（二）站的成果，最终推荐的珠江河口规划涉及的13个主要口门站点潮位设计值见表4.7-1。

表4.7-1　　珠江河口口门站潮位设计值　　单位：m（新珠基）

口门站点名称	各级频率设计值								
	0.1%	0.2%	0.33%	0.5%	1%	2%	5%	10%	20%
黄埔（三）	3.61	3.44	3.32	3.22	3.05	2.88	2.65	2.46	2.26
灯笼山	3.80	3.57	3.40	3.26	3.03	2.79	2.47	2.23	1.98

续表

口门站点名称	各级频率设计值								
	0.1%	0.2%	0.33%	0.5%	1%	2%	5%	10%	20%
官冲	3.41	3.25	3.13	3.03	2.86	2.69	2.46	2.28	2.09
西炮台	3.45	3.29	3.17	3.07	2.90	2.73	2.50	2.31	2.12
黄金	3.88	3.64	3.47	3.33	3.09	2.85	2.52	2.28	2.02
三灶	4.54	4.21	3.97	3.77	3.44	3.11	2.68	2.35	2.03
横门	4.11	3.84	3.64	3.48	3.20	2.93	2.58	2.32	2.06
万顷沙西（二）	4.00	3.75	3.56	3.41	3.16	2.91	2.58	2.33	2.08
南沙	4.04	3.79	3.61	3.46	3.21	2.96	2.63	2.38	2.14
大盛	3.86	3.64	3.48	3.36	3.14	2.93	2.64	2.43	2.21
泗盛围	3.96	3.72	3.55	3.41	3.17	2.93	2.62	2.39	2.15
赤湾	3.47	3.24	3.08	2.95	2.72	2.50	2.21	2.00	1.78
大虎（二）	4.18	3.91	3.71	3.54	3.27	3.00	2.65	2.38	2.12

注　本表格采用2005年以后的冻结基面与珠江基面的换算关系。

2023年6月，在河口规划成果基础上进一步将系列延长至2020年进行复核。考虑到延长2年系列成果变化不大，经复核后仍采用最新河口规划推荐成果。

4.8 预留值相关预估情况

目前全球面临的气候变暖、海平面上升、极端降雨、极端干旱等趋势已十分明显，人类对于海平面上升和风暴潮等事件的预测仍具有不确定性，美欧等发达经济体以及中国上海、香港等地在建设防潮工程时预留了海平面上升值，中国政府发布的《2022年中国海平面公报》则对未来海平面上升进行了预测。

4.8.1 美欧等发达经济体

美欧等发达经济体进行了2100年海平面上升的应对措施研究，形成相关成果如下。

(1) 美国于2022年编制了《纽约湾区防潮可行性研究》(*New York-New Jersey Harbor and Tributaries Coastal Storm Risk Management Feasibility Study*)[11] 采用100年一遇标准并考虑了2095年中等海平面上升的预留值(1% AEP with Intermediate Sea Level Rise in 2095)约0.6m。

(2) 荷兰于2020年编制了《三角洲计划2020》(*Delta Programme* 2020)[12],在IPCC1.1m基础上,对2100年海平面上升2m进行敏感性分析,分析需要采取的额外措施。

(3) 英国环境署于2012年编制了《泰晤士河流域2100规划》(*Thames Estuary* 2100 *plan*)[13],考虑了2100年海平面上升0.9m的影响和应对措施。

(4) 英国环境署于2019年编制的《气候影响工具:了解气候变化的风险和影响》*Climate Impacts Tool*:*Understanding the risks and impacts from a changing climate*[14] 预测2050年末期上升0.6m,2080末期上升1.0m。

(5) 英国皇家学会和美国国家科学院2020年的研究成果《气候变化的证据和原因(2020年更新)》(*Climate Change Evidence & Causes Update* 2020)[15] 预计2100年海平面平均上升0.8m,最高上升1.5m。

(6) 美国于2020年编制的《旧金山海平面上升纳入基本建设规划指南》(*Guidance for Incorporating Sea Level Rise Into Capital Planning in San Francisco*)[16] 预测2100年海平面上升1m。

(7) 道格拉斯等人于2013年发表的《做好升高潮位的准备》(*Preparing for the Rising Tide*)[17] 预测2100年海平面最高升高1.83m。

4.8.2 中国

水利部水规总院审查同意的《黄浦江防洪能力提升总体布局方案》[18](上海市水务局于2022年编制)提出黄浦江河口闸设计使用期为100年,直至设计使用期末年海平面总计上升0.38m,并考虑以预留值作为黄浦江河口闸的设防水位。

香港特别行政区渠务署在2018年修订的《雨水排放手册》(*Stormwater Drainage Manual*)[8] 考虑气候变暖的影响,提出在工程设计中应考虑21世纪中期(2041—2060年期间)增加0.23m、至21世纪末期(2081—2100年期间)增加0.72m的海平面上升的影响。

根据《广东省海平面变化及其影响与对策》[19]《珠江三角洲2030年海平面上升幅度预测及防御方略》[20] 的分析成果,预测1990—2030年相对海平面上升幅度为30cm,上升速率为0.75cm/a,海平面上升30cm(以三灶站为代表)。对17个潮位站最高洪潮水位的升幅进行计算,得到重现期的变化:在影响较大区,普遍降低0.5个等级;在影响最大区普遍降低1.5~2个等级,亦即堤围的设计标准要相应提高。若海平面上升30cm,影响最大区的4个潮位站(黄埔、南沙、灯笼山、黄冲)的100年一遇风暴潮位将缩短为30~40年一遇。因此,应考虑海平面的升幅并提高最高潮位的设计标准。可见，广东于2000年时的成果已充分预见近20年潮位可能升高，并研究出对潮位设计标准的影响，但当时并未考虑潮位预留。

《2022年中国海平面公报》对中国近海海平面上升进行了预估，提出“气候变暖背景下，海洋持续增温膨胀、陆地冰川和极地冰盖融化等，导致近几十年来全球平均海平面呈现加速上升趋势，21世纪全球平均海平面将继续上升。受区域海洋大气动力过程、地面沉降和淡水通量等因素影响，海平面变化存在区域差异。2050年，在低（SSP1-2.6）、中（SSP2-4.5）、高（SSP5-8.5）情景下，中国近海平均海平面将上升0.21（0.16～0.26）m、0.22（0.19～0.28）m和0.24（0.21～0.33）m；2100年，在低（SSP1-2.6）、中（SSP2-4.5）、高（SSP5-8.5）情景下，中国近海平均海平面将上升0.47（0.31～0.64）m、0.59（0.47～0.80）m和0.83（0.64～1.09）m。”《2022年中国海平面公报》提出沿海城市在海岸带适应性规划、生态保护与修复等工作中应充分考虑不同时间尺度海平面上升带来的岸线侵蚀、生态挤压、海岸防护能力降低等风险，增强沿海地区适应气候变化的韧性。

4.9 防潮标准对应不同频率设计潮位的差值和预留值关系的思考

由表4.7-1可知，2024年复核后，推荐的珠江河口13个口门站点新设计潮位成果，1000年～500年～200年～100年～50年每频率潮位对应差值为0.23～0.3m，随着海平面的上升，气温进一步升高，未来如果出现高于已有风暴潮位极值0.6m的情况，则意味着1000年一遇、200年一遇设计潮位被动降低到200年一遇、50年一遇左右，被动降低两个等级。从近几年各地不断出现的极端风暴潮、高温、区域暴雨洪水和以往设计潮位成果经验来看，这种情况极有可能发生。

在防潮工程设计中考虑设计潮位预留值，相当是增加一个应对气候变化适应性的韧性参数。如采用200年一遇设计潮位+0.6m预留值，实际相当于现状1000年一遇防潮标准设计水平。采用200年一遇设计潮位加适当考虑气候变化的预留值0.6m，比采用现状1000年一遇设计潮位（相当于提高至1000年一遇防潮设计标准）表述要较易为公众所接受。目前，《纽约湾区防潮风险可行性研究报告》[11] 采用100年一遇防潮标准并考虑了2095年中等海平面上升预留值（约0.6m）。

4.10 推荐预留值

根据《中国海平面公报》《广东省海洋灾害公报》的分析成果，1980—2021年广东省沿海平均海平面上升速率为3.4mm/a，与同期全国沿海平均水平基本持平。预测未来30年广东省沿海海平面上升在70～180mm的下限是2.3mm/a，均值是4.2mm/a，上限是6.0mm/a。考虑推荐设计潮位是为指导堤防、水闸建设，由于珠江三角洲河网密布、堤防众多，提标建设较为困难，且投入巨大，对于1～3级海堤按50年合理使用年限考虑，对于大型挡潮闸要按100年一遇合理使用年限考虑，应统筹考虑未来海平面可能上升、风暴潮加强的影响，充分应对气候变暖、极端天气常态化的影响，在海堤及挡潮闸合理使用年限内加强对气候的适应性考虑，学习吸收国内外先进经验，借鉴美国、荷兰、意大利、俄罗斯和国内黄浦江河口建闸前期研究成果[21]，推荐在堤防及水闸设计使用年限内增加对气候的适应性和韧性考虑，预估到2073年使用期末，堤防设计潮位将因海平面升高21～30cm（按未来预测均值至上限考虑）；预估到2123年使用期末，挡潮闸设计潮位因海平面升高42～60cm。

4.11 建　　议

为应对气候变暖、极端天气常态化，考虑海平面持续上升、风暴潮加强的影响，未来珠江河口地区新建、扩建海堤或挡潮闸工程等设计时，在参照本次推荐最高设计潮位成果的基础上，应结合风暴潮发生情况进一步复核设计潮位，并增加设计使用年限内应对气候变化适应性的海平面上升预留值，以期工程能够更好地适应和应对气候变暖风险。

第5章

洪潮雨遭遇分析及洪潮分界

5.1 洪潮雨遭遇

洪潮雨遭遇分析是指一定阈值以上的过境洪水（西江、北江、东江以上流域洪水）、珠江河口潮汐（天文潮和风暴潮）、区域暴雨（珠江三角洲区域产生当地内涝级别的暴雨）在同一时间空间出现、传播，并相互叠加、影响的过程及期间遭遇频率的统计分析。受资料收集和分析手段限制，遭遇分析主要采用峰值发生前后一段时间的过程或可代替的特征值进行分析。

近年来因暴雨产生的内涝灾害频发，全球气候变暖趋势下，粤港澳大湾区的泄洪、防潮与治涝更加重要，进行洪潮雨特性分析，对摸清大湾区防洪减灾网本底自然条件、研究洪潮雨遭遇的规律具有重要意义，可为合理确定和提高大湾区洪、潮、涝防御标准，评估洪潮涝水出路，进行防洪潮涝工程体系布局与建设，以及提出非工程措施提供技术支撑。

5.1.1 洪潮雨遭遇结论

（1）西北江三角洲和东江洪水遭遇概率较大，东江5年一遇以上洪水均遭遇了西江、北江5年一遇以上洪水。其中最不利的组合为“05·6”洪水；思贤滘洪峰实测最大，博罗站洪峰实测排第二。

（2）洪潮遭遇。上游发生5年一遇以上洪水时，三灶站相应潮位均不超过年最高潮位均值；大虎站和泗盛围站潮位会受上游大洪水影响，最不利组合“05·6”洪水期间，思贤滘洪峰实测最大，遭遇大虎站潮位略高于年最高潮位均值，博罗站洪峰实测第二，遭遇泗盛围站潮位略高于5年一遇。

（3）雨洪遭遇。斗门站大暴雨曾遭遇上游较大洪水，最不利的为1994年7月洪水组合，斗门站实测第二大降雨遭遇思贤滘约10年一遇洪峰流量；南沙雨量站与思贤滘未发生恶劣的遭遇，思贤滘洪峰流量大于年最大洪峰流量均值时，相应南沙日雨量一般不大于年最大日雨量均值；泗盛围站与博罗站雨洪基本不遭遇。

(4) 雨潮遭遇。大暴雨遭遇暴潮的概率较小，从各站点实测遭遇组合来看：当出现年最大日雨量均值以上的暴雨时，相应潮位一般不超过年最高潮位均值；当出现年最高潮位均值以上的潮位时，相应日雨量一般也不超过年最大日雨量均值。

以上分析结论与珠江三角洲历史成果、单项工程设计分析成果和《珠江河口综合治理规划（2021—2035 年）》分析基本是一致的。根据实测资料分析结果，洪潮雨在较低频率下基本不遭遇，也就是对于设计标准 20 年一遇以上的洪水、风暴潮或是暴雨内涝基本上很难同期出现另一对应条件的设计洪水、风暴潮或是暴雨内涝，这可为粤港澳大湾区构建调控自如的洪潮涝咸系统治理提供基本条件。

5.1.2 设计洪潮雨遭遇组合

设计洪潮雨遭遇组合是确定珠江三角洲设计洪潮水面线和后续防洪潮排涝工程布局的基础，根据洪潮雨分析成果结合以往惯例，水面线计算组合确定如下。

(1) 以潮为主。上边界采用多年平均洪峰流量均值（考虑到洪潮遭遇实际情况，提升至 5 年一遇洪峰流量进行校核和敏感性分析）；下边界采用各口门站各级设计频率潮位。

(2) 以洪为主。上边界采用各级设计频率洪水、下边界采用各口门站点年最高潮位均值（考虑到洪潮遭遇实际情况，提升至 5 年一遇设计潮位进行校核和敏感性分析）或下边界采用上游设计洪水与各口门站潮位相关成果。

基于 (1) 和 (2) 边界计算水面线外包成果，形成各级频率设计洪潮水面线成果。

(3) 以雨为主。对于珠江三角洲区域为主的降雨，采用各级设计频率暴雨成果相应 5 年一遇洪潮水面线成果。

5.1.3 典型年洪潮雨遭遇组合

从目前来看，如果采用恒定流模型计算较为单一，且是一种上限和外包的设计水位成果，结合洪潮遭遇分析成果，在洪潮水面线计算中宜采用非恒定流模型进行进一步分析计算。

(1) 采用“05·6”洪水、2013 年 8 月洪水、2022 年 6 月洪水过程缩放各级设计频率洪水过程，相应遭遇 5 年一遇典型潮位过程进行洪水水面线复核计算。

(2) 采用 2008 年“黑格比”、2017 年“天鸽”和 2018 年“山竹”风暴潮过程缩放各级设计频率潮位过程，相应遭遇上游年最高洪峰均值典型过程进行潮水水面线复核计算。

5.2 洪潮分界线

本次主要采用1981年《珠江三角洲整治规划问题的研究》[22]、1982年《西北江三角洲水面线成果》[23]、2002年《西、北江下游及其三角洲网河河道设计洪潮水面线（试行）》[24] 等历史资料和近年实测资料分析洪潮分界线，具体如图5.2-1（a）所示。

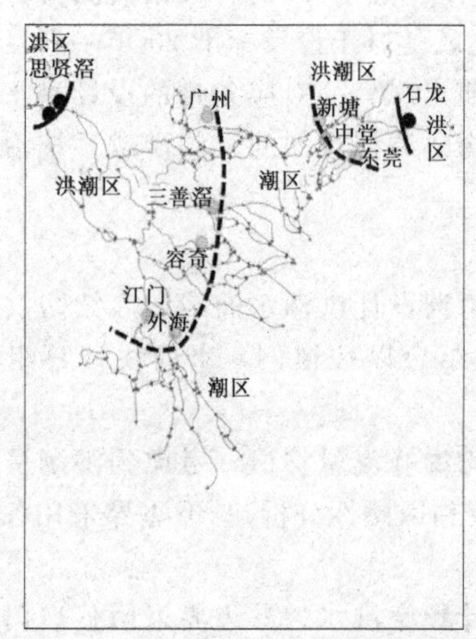

（a）珠三角整治规划(1981年)

（b）西江三角洲水面线(1982年)

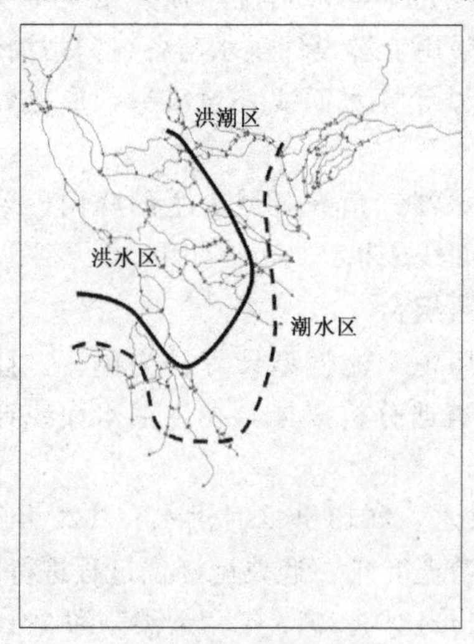

（c）近年实测资料分析成果

图5.2-1　洪潮分界线示意

5.2.1 《珠江三角洲整治规划》

(1) 洪区。洪区的特点是：水道单一，主要受径流影响，汛期水位受洪水控制。西、北江洪区在思贤滘以上的河段，东江洪区在石龙站以上的河段。洪水区的洪、枯水位变幅很大，西江马口站最大水位变幅为10.13m，北江三水站为10.84m，东江石龙站为6.81m。

(2) 洪潮区。洪潮区的特点是：水流分散，洪潮往复互相顶托。西、北江洪潮区在思贤滘以下、江门—外海—容奇—三善滘—广州一线以上的河段；东江洪潮区在石龙站以下、新塘—中堂—东莞一线以上的河段。

(3) 潮区。潮区的特点是：上游洪水至此已分散展平，影响微弱，潮汐作用显著。洪潮区以下至口门为潮区，珠江出海口门众多。一日内一般出现两次高潮和低潮，潮差在2～3m之间。在各口门中，潮差最大的是虎门，其次是崖门，两口门的潮差是向珠江上游递增的，其他口门则相反。

5.2.2 《西北江三角洲水面线成果》

5.2.2.1 洪水区

洪水期的水位主要受洪水来量的影响。以马口、三水为控制站，分别与西江的下圩甘竹、天河、南华站，北江的下滘、三多、水藤、紫洞、澜石站进行洪峰水位相关。洪水区的洪峰水位在马口水位站6m以上相关关系较好，可定单一线。

5.2.2.2 洪潮区

洪水期的水位显著地受洪、潮综合影响。水位相关图的形式采用口门站点高潮位-上游洪水来量-潮洪区各站点高潮位。

1. 西江下游

(1) 西海水道、磨刀门水道的竹银、叠石、北街等站与灯笼山站相关。

(2) 虎跳门水道的横山站与西炮台站相关。

(3) 泥湾门水道的白蕉、文鱼沙站与黄金站相关。

(4) 睦洲河的睦洲站与三江口站相关。

(5) 鸡鸦水道的马安站与横门站相关。

(6) 东海、容桂、洪奇沥水道的大陇滘、板沙尾、容奇、莺哥咀等站与万顷沙西站相关。

2. 北江下游

(1) 顺德水道三善滘、捻海站、陈村水道碧江站与三沙口相关，以三水站洪峰流量作为参数。

(2) 蕉门的灵山站与南沙站，以思贤滘流量为参数。

(3) 平洲水道的五斗站以三水站的洪水流量作为参数，后航道浮标厂站与黄埔站以老鸦岗的洪水流量作为参数。

5.2.2.3 潮水区

洪水期的水位主要受潮水影响。水位相关的形式为下边界站高潮位-上游洪水流量-口门站高潮位。

(1) 磨刀门灯笼山站、鸡啼门黄金站、虎跳门西炮台站、银洲湖黄冲站、江门三江口站5个口门站点，与三灶站相关。

(2) 横门的横门站、洪奇门的万顷沙西站与舢板洲相关。

(3) 蕉门的南沙站、沙湾水道的三沙口与舢板洲相关。

(4) 大石站与黄埔站相关。

具体如图5.2-1 (b) 所示。

5.2.3 《西、北江下游及其三角洲网河河道设计洪潮水面线（试行）》

水面线洪潮控制分界线：以江门水道江门以下，睦洲闸以下、劳劳溪虎坑口、荷麻溪西安泵站、磨刀门水道竹洲头、小榄水道海龙大桥、鸡鸦水道滘口闸、洪奇沥水道大魁河出口、西樵水道西樵大桥、骝岗水道鱼窝头、沙湾水道东涌附近以下，潭江七堡附近范围，广州水道大石、沥滘、二沙岛附近范围为界线。

现状洪潮水面线以下为以潮水为主的控制区域，以上为洪水为主的控制区域。

对不同的洪潮频率，一般的，当下游频率潮水位越高时，潮洪分界线越靠近上游。珠江八大口门中，以崖门和虎门洪潮控制分界线伸入上游最多，不同频率的洪潮控制区分界线变动相对较大，说明这两个口门的潮流动力相对较强。

该成果主要是采用恒定流模型计算成果，人为选取的设计边界忽略了洪水潮汐的过程特性和过渡性，是一种设计工况下的洪潮分界线。

5.2.4 近年实测资料分析成果

珠江三角洲潮位站分布在网河区及口门区干、支流上，水位受上游洪水和下游潮汐的共同影响，影响最高洪潮水位和分界的主要因素如下：

(1) 对于主要受洪水影响的站点，洪水位取决于上游洪水的量级和网河区地形变化。

(2) 对于主要受潮汐影响的站点，最高潮位取决于台风的强度、路径、尺寸、移动速度和最低气压，自然和人类活动影响下的河口岸线形状和近岸地形变化，台风与天文潮的叠加，上游洪水量级与天文潮的遭遇等综合影响。

20世纪90年代以来，珠江三角洲相继发生了3次较大洪水和7次较大台风，造成大部分站点的潮位不断突破实测系列最高值。根据主要潮位站的实测水文数据进行洪潮分界分析，成果如图5.2-1 (c) 所示。

第6章

洪潮涝咸系统治理研究

通过以上基础分析和相关案例，粤港澳大湾区重视系统性规划蓄滞洪、泄洪、分洪、挡潮和海岸防护等综合工程措施。如粤港澳大湾区整体防洪措施应统筹考虑未来海平面可能上升、风暴潮加强的影响，充分应对极端气候变化影响，学习吸收国外先进经验，借鉴荷兰、意大利、美国、俄罗斯和国内黄浦江河口建闸前期研究成果，开展粤港澳大湾区闸堤联合防御方案的前期研究；从流域层面考虑上游蓄滞洪和分泄洪的前期研究应对防洪标准提高和洪水归槽的影响，持续提升粤港澳大湾区的抗风险能力和适应性。

粤港澳大湾区在流域层面依托西江中上游龙滩水电站、大藤峡水利枢纽，北江飞来峡水利枢纽、潖江蓄滞洪区、芦苞涌和西南涌等调蓄控制上游洪水，在区域层面主要依靠堤防工程防御洪水，可使粤港澳大湾区重点防洪保护区防洪标准达到100～200年一遇。目前粤港澳大湾区等重点保护对象面临防洪要求提高、防洪保安压力增大的问题。受全球气候变化与海平面上升影响，台风暴潮频发，珠江河口潮位站的设计潮位较原成果大幅提高，部分达标堤防已难以满足防潮要求，且现行堤防为主的防洪工程体系单一。三角洲河床大规模不均匀下切，水情、河情、工情变化大，影响珠三角河道泄洪格局，亟须开展粤港澳大湾区防洪潮涝咸治理工程体系思路研究。本次主要考虑东江三角洲河口地区、漠阳江河口地区洪潮涝治理，这些河口地区的系统治理具有一定的典型性和相似性，目前相关研究成果已纳入广东省水网建设规划中[25]。

6.1 洪潮涝咸系统治理总体思路

珠江三角洲、漠阳江三角洲均为复合三角洲，珠江三角洲承泄西、北、东江三江洪水，漠阳江三角洲承泄漠阳江干流和那龙河上游洪水。珠江三角洲、漠阳江三角洲风暴潮期间仍可能遭遇较低标准的洪水和区域的暴雨，且与黄浦江 2.3 万 km^2、曹娥江 0.6 万 km^2 等集水范围相对较小、上游河道单一不同，珠江三角洲承接上游西江、北江、东江流域面积分别为 35.3 万 km^2、4.7 万 km^2 和 2.7 万 km^2，且珠江三角洲以上西、北、东江均为丘陵山区。相对而言，广东省的珠江三角洲河口区、漠阳江河口区还具有河网密集，多出海口泄洪、堤线漫长的特点，因此基于洪潮雨遭遇的特性，考虑拟定洪潮涝咸系统治理的策略，统筹洪、潮、涝水出路。

基于广东省网河及河口自然禀赋，用统筹的方式、系统的方法、智慧调控的手段，构建集防洪潮涝咸功能，防、管、控三位一体的洪潮涝咸系统治理工程体系，如图 6.1-1 所示。洪潮涝咸系统治理工程体系是完善三角洲防洪潮工程体系、整体提升防洪潮标准的需要，是优化三角洲供排水布局、构建清水廊道、抵御咸潮上溯的需要，是兼顾增强水体交换能力、改善围内径流潮汐动力和水环境的需要。

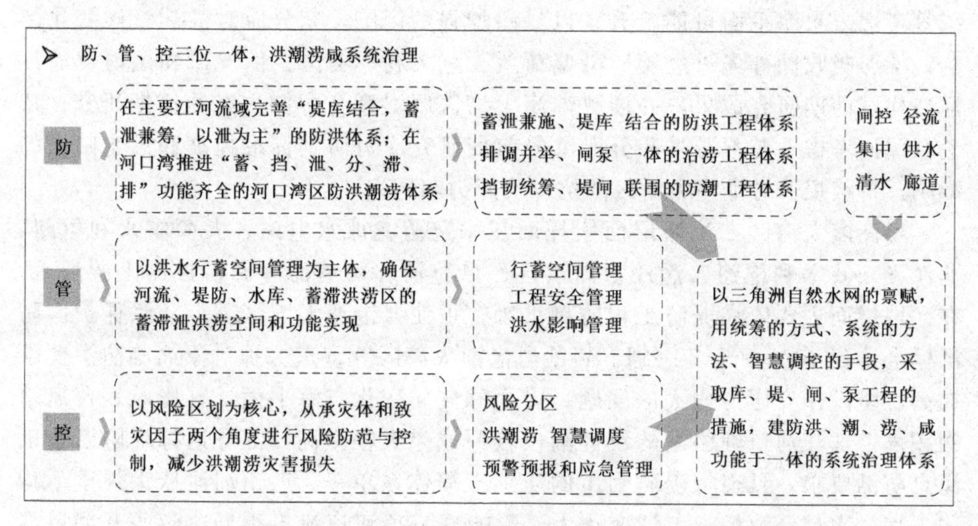

图 6.1-1 防、管、控三位一体，洪潮涝咸系统治理工程体系思路框图

6.1.1 洪控区和洪潮混合区治理思路

（1）主要通过西江通过龙滩、大藤峡，在北江通过飞来峡，在东江通过新丰江、枫树坝、白盆珠等水利枢纽联合运行削减上游进入珠江三角洲的洪水，充分利用潖江蓄滞洪区调控洪水，减少珠江三角洲洪控区洪水压力。

（2）结合洪控区河床下切泄洪能力增加，进一步补齐堤防短板、提升堤防标准，并研究在三角洲卡口扩宽，整体提高珠江三角洲下泄上游洪水能力。

（3）根据珠江三角洲、漠阳江三角洲河势演变规律及特点，研究思贤滘、天河南华、石龙和漠阳江南北汊口等关键节点控导作用。适度控泄洪水，结合主行洪通道堤防建设、河床下切带来的实际泄洪能力提升，进一步提高主行洪通道的泄洪能力，整体降低西、北江三角洲、东江三角洲和漠阳江三角洲河网密集区、主要防洪保护对象的防洪风险，降低非主要行洪通道的压力。

（4）调控上游枯季径流，有利于形成珠江三角洲供水廊道。

6.1.2 潮控区和洪潮混合区治理思路

（1）在网河潮控区，加快研究在重要支流河口布局挡潮闸、排涝泵站等闸站结合方案，对北江三角洲、东江三角洲、漠阳江三角洲等由部分河口、支流形成的闸堤结合的大联围和小联围方案，缩短防潮堤防战线。在此基础上，进行多方案比选论证，充分考虑洪潮涝咸系统治理效果与不利影响，推荐技术经济可行、社会公众可接受的防洪潮治涝工程布局方案。

（2）在网河潮控区，结合潮汐特点形成大联围、小联围的内网河蓄滞雨洪，给涝水空间，蓄排结合，解决因承泄区水位顶托引起的排涝问题。

（3）调控大联围、小联围的闸群内外水位，增强水体交换能力、改善围内径流潮汐动力和水环境。

（4）对于整体地势较低、直面大海的新城区，可考虑整体提高竖向标高，利用沙滩、红树林降低滨海区风暴潮增水，利用城市陆域分层的竖向建设策略，系统解决潮涝问题。

6.2 东江三角洲河口地区洪潮涝咸系统治理布局研究

6.2.1 研究背景

6.2.1.1 灾害情况

近年来随着全球气候暖化，极端天气、海平面上升致使洪潮涝灾害频发，给人民群众的生命财产安全造成重大损失，强度越来越大的风暴潮、暴雨造成的城市防洪潮排涝问题越发凸显。

2018年“艾云尼”台风暴雨，粤港澳大湾区6市1人死亡，直接经济总损失26亿元；2020年广州“5·22”暴雨，造成4人死亡，地铁13号线倒灌进水、全线停运；2017年“天鸽”台风，粤港澳大湾区23人死亡，直接经济损失超过342亿元；2018年“山竹”台风，粤港澳大湾区4人死亡，直接经济损失约140亿元；2021—2022年冬春枯水期，东江三角洲9座水厂取水（供水规模296万m^3/d）不同程度受咸潮影响。

6.2.1.2 治理要求

1.《国家水网建设规划纲要》相关要求

国家水网是以自然河湖为基础、引调排水工程为通道、调蓄工程为节点、智慧调控为手段，集水资源优化配置、流域防洪减灾、水生态系统保护等功能于一体的综合体系。

随着全球气候变化影响加剧，需要加快完善水利基础设施网络，提升洪涝干旱防御工程标准，维护水利设施安全，提高数字化、网络化、智能化管理水平，推动建设高质量、高标准，强韧性的安全水网，保障经济社会安全运行。

2.《广东省水网建设规划工作大纲》

针对粤港澳大湾区面临超标准洪水、极端天气频发和海平面上升带来的防洪（潮）压力，按照洪涝潮共治的原则，结合防洪（潮）体系布局，研究珠江三角洲河道控导工程及河口建闸的必要性和可行性。重点研究近些年极端风暴潮对沿海地区潮位变化的影响，针对沿海地区区域特点和实际，因地制宜规划生态海堤和挡潮闸建设，提出防潮工程布局。

3.《中华人民共和国国民经济和社会发展第十四个五年规划和2035年远景目标纲要》相关要求

全面提升城市品质。统筹城市规划建设管理，建设新型城市、韧性城市。建设源头减排、蓄排结合、排涝除险、超标应急的城市防洪排涝体系，增强公共设施应对风暴的能力。

4.《国务院办公厅关于加强城市内涝治理的实施意见》相关要求

坚持以人民为中心，坚持人与自然和谐共生，坚持统筹发展和安全，将城市作为有机生命体，根据建设海绵城市、韧性城市要求，因地制宜、因城施策，提升城市防洪排涝能力，用统筹的方式、系统的方法解决城市防洪排涝问题，维护人民群众生命财产安全，为促进经济社会持续健康发展提供有力支撑。

6.2.2 基本情况

6.2.2.1 地理区位及河流水系

东江三角洲水系属珠江三角洲水系，东江三角洲具备典型三角洲形态，东江干流流至石龙（樊屋），以石龙为进入三角洲顶点，分北干、南支两主要水道，河道长度相当，同为40～50km，河道总体向西南放射进入广州至虎门出海水道。平面上以石龙、北干南支出口三点大体作等腰三角形，形同擢扇，石龙、南干北支外海长约20km，面积约250km^2，北干、南支之间，大小河道数量众多，密如蛛网，沿途曲折迂回，但总体上与北干南支相似、流向西南，如图6.2-1所示。

6.2.2.2 潮界及洪潮分界线

1. 潮界

东江口外是狮子洋，狮子洋内的潮汐由伶仃洋通过虎门传入。虎门是以潮流动力为主的河口。在下边界潮流动力和上边界径流动力综合作用下，东江三角洲河口区，洪水期潮流界最低可退至口门附近，潮区界可退至斗朗、上屯一

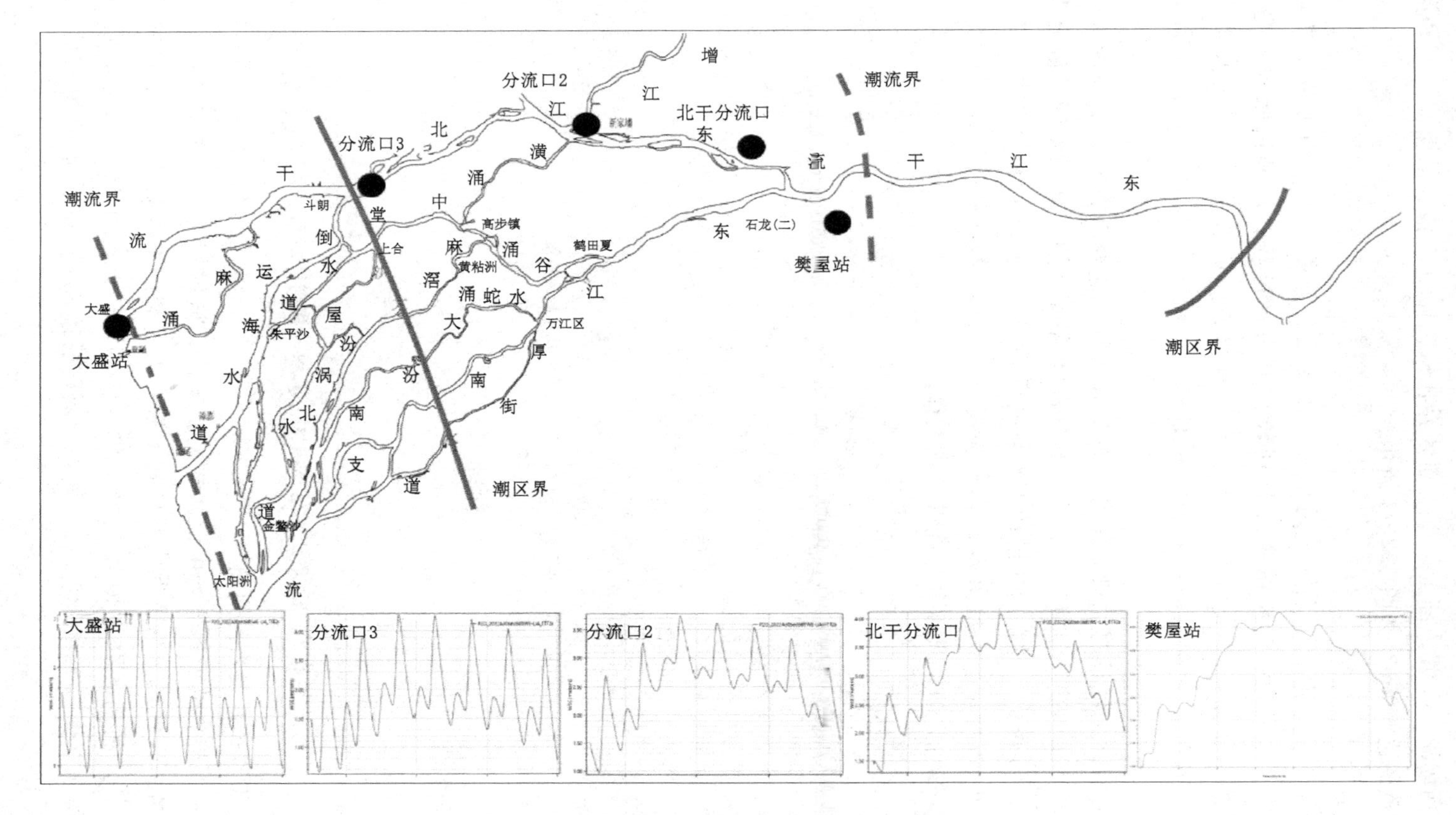

图 6.2-1 东江三角洲潮流界与潮区界示意

带；枯水期潮流界在鲤鱼洲上、下，潮区界在铁岗附近；枯、汛期潮区界和潮流界移动范围达50km，如图6.2-1所示。

2. 洪潮分界

对东江三角洲而言，洪区水道单一，主要受径流影响，汛期水位受洪水控制，如图6.2-1中樊屋站主要呈现较强的洪水过程；洪潮区水流分散，洪潮往复互相顶托，如图6.2-1中北干分流口、分流口2；潮区上游洪水至此已分散展平、影响微弱，潮汐作用显著，如图6.2-1中分流口3和下游大盛站。

根据以往水面线计算原则，东江三角洲采用恒定流模型按照以洪为主和以潮为主同频率水面线外包得出，初步分析，2000年前后原东江三角洲洪潮分界线如图6.2-2所示，考虑东江设计洪水复核后不变、河床下切和河口设计潮位升高后（如100年一遇大盛由原3.15m提高至3.88m、泗盛围由原3.11m提高至3.91m，85高程）。洪潮分界线进一步上移。

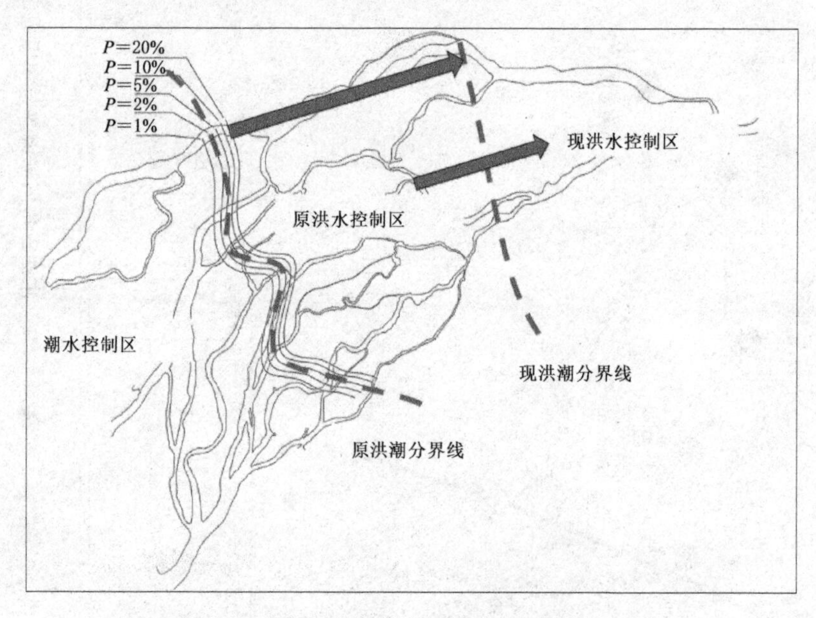

图6.2-2 东江三角洲洪区、洪潮区和潮区示意

6.2.2.3 工程体系及水网规模

东江中下游防洪工程体系由已建成的新丰江、枫树坝、白盆珠水库和中下游堤防组成。东江三角洲防洪主要依托上游三大库调洪+堤防防御下泄流域洪水，防潮主要利用各联围海堤挡潮。初步匡算，东江三角洲主要河道长度270km，堤防总长650km，每$1km^2$面积内堤防长度6.4km，水面面积$70km^2$、水面率15.4%。

6.2.3 存在问题

6.2.3.1 风暴潮灾害已成为东江三角洲水安全面临的严峻挑战

1. 海平面持续上升

根据《2021年中国海平面公报》，1980—2021年广东省沿海平均海平面上升速率为3.4mm/a，与同期全国沿海平均水平基本持平。根据IPCC相关成果，在AR6（2019年）分析成果，在RCP8.5场景（高温室气体排放情景，即没有应对气候变化的政策，与目前实际比较相符），2100年海平面上升将达到0.84m（0.61～1.1m）预估值的可能区间的上界达到1.1m，反映了AR6进一步预估的南极冰盖冰损失更大，可能会造成更高的海平面上升。《2021年中国海平面报告》在对于全球海平面上升的预估也纳入IPCC预测成果，该报告也引用“考虑到冰盖过程的不确定性，高情景下2100年全球海平面上升幅度甚至可能达到2m”。

2. 风暴潮位屡创新高，设计潮位大幅上升导致防潮工程防潮能力被动降低

21世纪以来，2008年“黑格比”、2017年“天鸽”、2018年“山竹”风暴潮接连刷新八大口门控制站最高潮位历史记录。最高潮位不断突破历史，导致现有堤防水闸等防潮能力被动下降。如以2024年流域防洪规划修编最新设计潮位复核成果和2002年广东省设计洪潮水面线采用的以潮为主设计潮位对比，河口区按照原水面线确定的100年一遇设计潮位仅相当于本次的10年一遇设计潮位。

6.2.3.2 面向未来，风暴潮灾害的不确定因素凸显、应对韧性不足

1. 可能出现更不利台风、引起更高的风暴潮位和灾害

风暴潮位与台风的路径、强度、尺寸、移动速度和最低气压，自然和人类活动影响下的河口岸线形状和近岸地形变化，台风与天文潮的叠加，上游洪水量级与天文潮的遭遇等因素有关。同时，热带气旋在北半球是逆时针旋转，热带气旋在珠江西南面掠过并在珠江口以西登陆影响较大。据香港天文台分析，与2017年“天鸽”台风相比，2018年“山竹”台风横过吕宋北部山丘，受地形影响，中心风力减弱；同时“山竹”袭击珠江口时为农历初七小潮期，风暴潮增水叠加天文潮产生的风暴潮位总体偏小。若“山竹”台风也横过吕宋海峡，加上叠加天文大潮，则可能较“山竹”风暴潮位基础突破1～2m，带来更大的灾害。

2. 极端海平面事件的预测随着近年不断突破的风暴潮位越发可信

根据IPCC预估，到2100年大部分地区历史上每百年发生一次（100年一遇的历史事件）的局地极端海平面事件至少会每年发生一次。从目前看，通过珠江口实测资料，IPCC对极端海平面事件的预测随着近年不断突破的风暴潮位越发可信。

6.2.3.3 现有堤防工程标准偏低、实施难度大

目前东江三角洲河网主要依托上游水库削减洪水，再利用堤防防御过境洪

水和下游风暴潮。东江三角洲是河口外浅海湾上淤积形成新的“冲缺三角洲”，整体地势较低，堤围主要通过桑基围田形成，改革开放后主要依托以区、镇等独立建设堤防，总体上堤线散乱且总体预留堤防用地较少。

由于水网密布，岸线较长且经设计潮位复核后堤防存在防潮能力被动降低的问题，东江三角洲堤防达标、提标建设涉及堤线众多，征地移民、预留用地不足，且随着国家强化国土空间管控、基本农田等限制，堤防提标工程较难实施。

6.2.3.4 防潮体系单一，堤线众多，风险较大，适应性不强

现状东江三角洲的防潮任务主要由堤防工程承担，由于堤线和穿堤水闸众多，而围内地势低洼，一旦出现堤防和附属水闸穿堤建筑物溃决，将对人民群众的生命财产安全造成极大影响。由于防潮战线长、涉及面广、防汛风险较大，管理难度和投入较大，且存在未来堤防进一步提升防潮能力的可能，如采用需要进一步加高堤防的方式，则同样面临上述堤防实施难度大，面对未来气候变化影响对适应性和韧性的考验。

6.2.3.5 堤防滨河景观较差，与城市发展要求矛盾较大

由于保护区地势低洼，潮位大幅升高，加上堤防超高，且进一步考虑建设期内因对气候适应性增加的高度附加值，由于用地紧缺，建设高标准堤防实施后将在城市形成直立，封锁滨江的景观用地。东莞道滘附近新修建堤防现状如图 6.2-3 所示。

图 6.2-3 东莞道滘附近新修建堤防现状

6.2.3.6 地势低洼、排涝标准偏低、产汇流特性加大涝灾程度且面临极端天气威胁

东江三角洲是冲积平原，地势平坦低洼，水系纷繁，河道纵横，地面高程与潮水位基本持平，部分地面高程还低于海平面，在暴雨遭遇外江高潮期间，

受外江洪潮顶托，地势较低处不能自排，需要通过泵站水闸调度、强排辅以内河涌调蓄来控制水位，而排涝标准偏低，设施不足或设施老化，涝水不能及时排出而导致涝灾。另外气候暖化引起极端天气的频度、烈度和强度不断上升。近年来各地不断出现暴雨极值突破历史记录。降水是涝灾形成的直接原因，当降水量过多无可避免形成涝灾。

6.2.3.7 径流动力减弱、潮汐动力增强，咸潮上溯影响城市供水

受上游取水影响，东江三角洲径流总量显著减少，同时面临河床下切海平面上升等综合影响，径流动力减弱、潮汐动力增强，咸潮上溯影响供水。

2021—2022年冬春枯水期，东江流域持续干旱少雨，遭遇历史少有的秋冬春夏连旱，旱情形势达到特枯年程度。城市人口主要分布在东江下游入海口附近，用水主要依赖东江来水，如东莞市各水厂95%以上的供水水源取自东江，枯季供水安全受咸潮影响较大。受上游来水严重偏枯影响，水厂取水口含氯度连续超标，为有记录以来最严重咸情，受影响水厂不得不实行间歇性减产、停产，对生产生活用水造成了不利影响。

6.2.4 建设必要性

6.2.4.1 是基于东江三角洲水网自然禀赋，用统筹的方式、系统的方法、智慧调控的手段，构建集防洪、潮、涝、咸功能于一体的综合体系的需要

东江三角洲为冲积平原，地势低洼，既受上游东江大洪水威胁，又受南海台风暴潮威胁，且近年来暴雨内涝灾害频发，气候暖化下背景下泄洪、防潮、排涝、防咸问题凸显、交织，形势越发严峻。系统研究洪、潮、涝、咸发生的规律、遭遇情况，充分利用东江三角洲自然河网和动力特点，通过堤闸工程建设结合，依托先进的信息监测系统、洪潮涝咸预报调度系统，运用GIS、BIM、IOT、大数据、AI等新技术，启动数字孪生场景，基于二维仿真模型，通过水闸群智慧调控水网。

6.2.4.2 是完善东江三角洲防洪潮涝咸工程体系、整体提升防御能力的需要

（1）通过在东江三角洲主要控制节点和河口建闸，形成东莞大联围防潮保护圈，缩短防潮堤防战线。

（2）结合北干流堤防建设、实际泄洪能力提升适度控泄洪水，整体降低防洪风险。

（3）结合潮汐特点形成东江大联围内网河蓄滞雨洪，给涝水空间，蓄排结合，解决因承泄区水位顶托引起的排涝问题。

（4）调控上游径流，形成北江三角洲供水廊道。

（5）调控闸群内外水位，增强水体交换能力、改善围内径流潮汐动力和水环境。

6.2.5 工程布局和任务

采用闸堤联围的工程布局建设东莞联围，并补强东江北干流两岸堤防防洪潮能力和排涝设施能力。在东江三角洲建设7个水闸，如图6.2-4所示，形成东莞大联围，闸堤结合提高防潮能力，实现洪潮分家、缩短防潮战线，应对洪潮涝咸灾害。

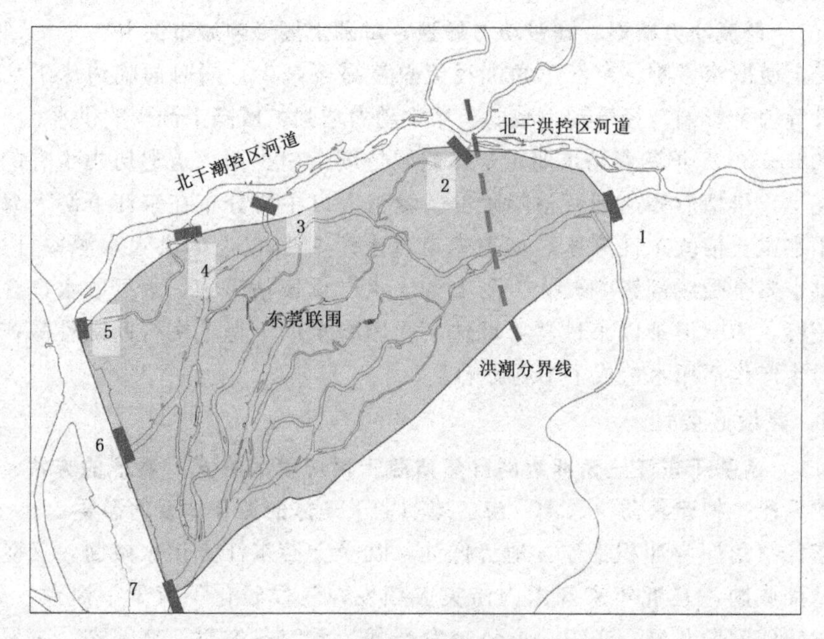

图6.2-4 东莞联围7闸布置方案

(1) 防潮布局：联围防潮。主要利用5号、6号、7号闸挡潮，并通过1号、2号、3号、4号闸关闭，防止风暴潮水倒灌进入大联围，风暴潮期间上游中小洪水通过1号、2号、3号、4号闸控制，由北干通道排泄。提高5号、6号、7号闸沿线海堤防潮能力。

(2) 防洪布局：联围控洪。特大洪水期间控泄洪水、强干弱枝，优化防洪风险。结合北干流河床下切泄洪能力增加，以北干流两岸潮控区堤防提标建设、卡口扩宽为前提，首先补强北干两岸堤防和排涝设施能力，提高东江北干流的泄洪、防潮和排涝能力。

在南北支分流口南支附近利用1号闸，北干水2号、3号、4号闸控泄洪水，按照不超过现有堤防防洪能力控泄进入东莞大联围的洪水，减少进入东莞城区和东莞联围内防洪压力，减少东莞联围内网河密集的堤防建设规模。

(3) 排涝布局：智慧调控。区域预测发生特大暴雨，可通过1～7号闸开、关水闸，确保东莞联围内承泄区内在暴雨前维持较低的控制水位，改善大联围内堤围的排涝条件，同时也能改善东引运河因外江顶托引起东莞城区的内涝问题。

涝水期间上游洪水主要通过北干流排泄，可进一步结合外海潮位、洪水和雨洪遭遇情况，同时开启东莞联围1号、2号、3号、4号闸，将北干流洪水引入东莞大联围内，兼顾改善东江北干流的排涝条件。

(4) 供水布局：挡咸增泄。调整上移东莞市下游取水口至1号闸上游，通过南支流1号闸枯水期挡潮，阻隔下游咸潮上溯；通过1号闸控制挡潮、阻隔减少径流下泄，必要时启动2号、3号闸，甚至进一步启动4号闸，确保北干流承接上游大部分径流，同时压制下游咸潮上溯北干，确保北干沿线取水口安全。由此形成东江北干流和南支流峡口闸以上清水廊道，确保供水不受咸潮影响。

(5) 水环境布局：蓄排增加水动力。综合考虑防洪潮排涝和通航等条件，在年内对通航、生物影响相对较小的时段，结合潮汐预报和上游来量预报，通过对1～7号闸的调控，增加联围内外水位差，增加水动力，改善大联围内和东引运河的水环境。

6.2.6 与纯堤防方案的初步比较

本书将系统治理、闸堤结合、东莞大联围方案和纯堤防进行初步比较。比较采用最新洪水、设计潮位复核成果、考虑堤防有效使用期应对气候变化不确定预留的加高值，在考虑洪潮涝遭遇分析情况下，确定洪潮涝水面线计算组合进行，初步结论见表6.2-1。可见闸堤结合方案在工程规模、适应性、实施难易程度、工程管理、城市景观、防洪调度、防潮调度、排涝调度、防咸调度、水环境调度，均较纯堤防方案有一定的优势，是系统治理方案。但在通航影响、泥沙淤积影响、水生态环境影响、技术成熟度等方面均较纯堤防方案需要进一步加深相关领域的研究。

表6.2-1 纯堤防方案和闸堤结合系统治理方案比选表

项目	纯堤防方案	系统治理方案（闸堤结合方案）
工程规模	堤线长，防潮水位越高则投资越大	重点建设北干堤防，外海堤防和水闸，防潮水位越高则投资越相对越小
适应性	极端气候下水位进一步增加、地面沉降等，堤防防御能力较易被动降低	水闸建设在不太影响投资前提下，可高标准高质量预留水位值建设，适应未来，具备较强的韧性
实施难易程度	线性占地大，大量房屋拆迁、基本农田	点状占地少、闸址可优化，较纯堤防方案可减少50%用地
工程管理	堤防防线长，防潮期间需要堤防沿线防守	重点东江北干流堤防和沿海闸外堤防和水闸

续表

项目	纯堤防方案	系统治理方案（闸堤结合方案）
城市景观	考虑设计水位增加、超高和不确定性加高，纯堤防建设对城市景观建设较不利	东莞联围内河涌化，在满足控泄洪水要求加高较小
防洪调度	主要依托三大库和下游堤防承担洪水下泄	结合三大库和南支流1号闸和河口天文潮预测等进行智能化调度
防潮调度	无，主要依托堤防刚性防御	实现大区域东莞联围的多闸联合智能化调度
排涝调度	无	东莞联围多闸联合智能化调度，提高承泄区排涝条件
防咸调度	无	多闸联合智能化联合调度、取水口上移，改善取水条件
水环境调度	无	多闸联合智能化调度提升水动力，改善大联围内水环境
通航影响	不影响	不影响北干通航条件，防潮、洪调度不影响通航，枯水期、排涝和水环境调度对通航有一定影响
泥沙淤积影响	不影响	可通过水闸调度减少泥沙淤积
水生态环境影响	无	仅枯水期部分水闸运用，防洪、防潮水闸调度，影响小
相关案例	纯堤防方案在目前全球极端天气下因实用性较弱，全线堤防单独实施风险较大	先进经济体、水利高度发达地区已逐步开展河口建闸研究、建设
技术成熟度	成熟	实施技术成熟，智能调度技术难度大

6.2.7 结论与展望

本书对东江三角洲河口地区的灾害情况、治理要求、存在问题、建设必要性分析的基础上，提出了在东江三角洲和河口建设7个水闸形成东莞大联围的洪潮涝咸系统治理工程布局，并对应提出治理任务，与目前现有的纯堤防方案相比，存在较多的优点，因此本方案也纳入广东水网规划中。

下一步需要加深方案的研究，主要方向如下：

(1) 深化东江三角洲洪、潮、涝三者遭遇情况，这是开展东江三角洲闸堤方案的基础。

(2) 进一步分析存在问题和闸堤方案实施的必要性。

(3) 构建珠江三角洲洪潮涝咸模型，包括水动力、水质二维模型和风暴潮模型，为进一步分析方案效果提供支撑。

6.3 漠阳江河口地区洪潮涝系统治理布局研究

6.3.1 研究背景

6.3.1.1 流域概况

漠阳江位于广东省西南部，发源于阳春市河𪨶镇云帘村洒山西南，自北向南流经阳春市、云安区、阳东区、江城区，经北津港流归大海，干流全长199km，流域面积6091km^2。

漠阳江合水以上为上游，上游多山、河床陡峻，溪流众多，雨量充沛，是华南有名的暴雨高区；合水至双捷为中游，河床比降平缓，两岸逐渐开阔，丘陵、台地、平原相互错落，有较大支流西山河、潭水河汇入；双捷以下为下游，下游河床宽阔、比降平缓，为平原地区，是阳江主要的农业基地。双捷以下的漠阳江河网区，河道比降在0.10‰～0.125‰之间，河宽150～800m。干流在新洲分为东、西支流，其中西支长29km，东支长32km，较大支流有大八河和那龙河。

6.3.1.2 治理需求

漠阳江下游为阳江市，2023年阳江市地区生产总值1581.79亿元，比上年增长3.8%，人均地区生产总值60294元，增长3.7%。漠阳江河口地区主要涉及江城区及阳东区。

江城区是阳江市的政治、经济、文化、交通中心。全区总面积433.7km^2，现辖2个镇、8个街道办事处，常住人口54.4万人。阳东区有东城、北惯、合山、那龙、雅韶、大沟、新洲、东平、塘坪、大八、红丰11个镇172个村（居）委会。

近年来，阳江市提出以下发展战略：融珠启西、对接丝路的区域融合战略、强心扩容、拥海发展的城市发展战略和环境提质、魅力引领的环境提升战略。按照“生态为廊、轴带联动、聚力发展”的空间布局，打造依托漠阳江水系的生态绿廊，形成北部产城联络发展轴、西部产业发展轴、城市南拓发展轴，聚力整合形成中部城市综合功能片区、西部产业功能片区、东部产业功能片区和南部滨海休闲旅游功能片区四大功能区。

根据规划，中心洲联围、四朗联围、四围联围等区域是今后的重点发展区域。

6.3.1.3 现状防洪潮体系

围绕江堤、海堤建设，漠阳江流域先后完成了一批防洪潮工程，初步建成了“上蓄、下排，沿江筑堤”的防洪工程体系。漠阳江流域已建有大中型水库13座，其中大型水库2座（即大河水库与东湖水库），总库容4.59亿m^3；中型水库11座，总库容3.14亿m^3。漠阳江流域堤围主要分布在干流的中下游河段，现有大小江海堤71条，总长368km，其中万亩以上堤围有高荔联围、岗南围、岗西围、新埠围、马水围、石上围、升平围、捷东围、捷西围、中心洲联围、东支东堤、四朗联围等堤围12条，总长227.1km；河流出海口及沿海地区兴建海堤工程，用以排涝挡潮。已建的海堤工程4条，分别为丹载两报围、台平围、埠场联围和四朗联围，总长69.9km。

6.3.1.4 洪潮遭遇分析及洪潮分界线

采用双捷水文站实测的最大洪峰流量与北津港同期实测潮位、北津港站实测最高潮位与双捷水文站同期实测洪峰流量进行对比分析。

双捷水文站发生5年一遇及以上洪水时，北津港最高潮位均不超过2年一遇，洪峰流量与年最高潮位没有明显的相关性。北津港发生5年一遇及以上潮位时，双捷水文站最高洪峰流量均不超过2年一遇，年最高潮位与洪峰流量没有明显的相关性。

组合Ⅰ：当漠阳江干流发生不同频率设计洪水时，遭遇外海相应多年平均高潮位。

组合Ⅱ：当外海发生设计频率高潮水位时，遭遇相应漠阳江干流2年一遇洪水。

总体上，根据已有资料分析，漠阳江河口地区洪潮遭遇概率不高。

6.3.2 存在问题

6.3.2.1 台风暴潮频发，威胁群众生命财产安全

中下游和出海口以及沿海地区的风暴潮危害依然严重，沿海区域河流高潮位超过部分建成区地面，暴雨常遭遇高潮位，河道内洪水受潮位顶托导致漫浸，造成严重的人员伤亡和经济损失。

1990—2016年，台风暴潮引发了近60多场洪涝灾害，共造成近150亿元的经济损失，尤其是1994年、1998年洪灾和2008年强台风“黑格比”、2015年强台风“彩虹”等，给阳江市造成了重大损失。

6.3.2.2 现状防洪体系尚不完善

漠阳江流域“上蓄、下排，沿江筑堤”的防洪体系已初具规模，但功能体系尚不完善，中下游的部分江堤防洪标准不达标，主要表现在堤围高程不足且存在安全隐患、河道河障多、穿堤建筑物防洪设施损坏等方面，造成整体防洪标准偏低。大多数海堤防御标准低，穿堤建筑物损毁严重，风暴潮对堤围破坏

力越来越大。

漠阳江下游主要堤防有捷东围、捷西围、中心洲联围、东支东堤、四朗联围、丹载两报围、台平联围、埠场联围等堤围10条，总长188.6km，捍卫面积17.7万亩，人口23.1万人。

根据《漠阳江流域综合整治规划》复核，下游堤防均未达到相应标准。其中，红丰龙涛围、东支东堤、中心洲联围等堤防高程差距较大，见表6.3-1。

表6.3-1 漠阳江下游主要堤围防洪潮能力复核表

序号	堤防名称	现状堤顶高程/m	规划防洪标准	计算堤顶高程/m	堤防高差/m	堤防平均高差/m
1	捷西围	7.05～13.18	50年一遇	8.38～11.42	0～0.7	0.7
2	捷东围	8.00～11.48	50年一遇	8.96～11.42	0～0.5	0.5
3	红丰龙涛围	7.03～8.21	100年一遇	8.38～9.23	1.02～1.35	1.2
4	东支东堤	5.45～6.68	100年一遇	6.62～7.97	1.17～1.29	1.2
5	中心洲联围	5.40～6.53	100年一遇	6.53～9.23	1.9～2.7	1.9
6	埠场联围	5.89～7.02	100年一遇	6.53～7.64	0.60	0.6
7	四围联围	5.48～6.42	100年一遇	6.46～6.59	0.17～0.6	0.6
8	四朗联围	5.29～6.00	100年一遇	6.38～6.73	0.22～1.38	0.9
9	丹载两报围	5.51～8.32	100年一遇	6.89～8.54	0.22～1.38	0.8
10	台平联围	6.27～8.44	100年一遇	6.64～8.24	0～0.37	0.2

6.3.2.3 排涝能力不足

主要涝区分布在漠阳江中下游两岸，由于地势低洼，堤防围闭后，容易形成内涝。目前各沿江，沿海堤围上的排涝水闸随着堤围的达标建设有小部分小型水闸进行了重建或加固，中型和大部分小型病险水闸仍未能达标。大部分涝区工程不配套的问题依然存在，排水渠淤积严重，泄水不畅；排水闸闸门残缺漏水，开启不灵，效益不能充分发挥；泵站设备老化、残旧，造成泵站运行效率低，安全保障性差。工程布局不平衡，电排站管理不善。一遇暴雨，排水不畅，积涝成灾，将造成工农业生产损失严重。

根据分析，排涝问题较严重的主要是四朗联围涝区、四围联围涝区以及中心洲联围涝区，当遭遇2年一遇洪水时已难以自排解决。

6.3.3 建设必要性

6.3.3.1 基于漠阳江河口水网自然禀赋，用统筹的方式、系统的方法、智慧调控的手段，构建集防洪、潮、涝功能于一体的综合体系的需要

漠阳江河口地区为冲积平原，地势低洼，既受上游漠阳江大洪水威胁，又受南海台风暴潮威胁，且近年来暴雨内涝灾害频发，气候暖化背景下泄洪、防潮、排涝、防咸问题凸显、交织，形势越发严峻。在系统研究洪、潮、涝发生规律、遭遇情况，充分利用漠阳江三角洲自然河网和动力特点，通过堤闸工程建设结合，依托先进的信息监测系统、洪潮涝咸预报调度系统，运用 GIS、BIM、IOT、大数据、AI 等新技术，启动数字孪生场景，基于二维仿真模型，通过水闸群智慧调控水网。

6.3.3.2 完善漠阳江河口防洪潮涝咸工程体系、整体提升防御能力的需要

(1) 通过在漠阳江三角洲顶部分流控制节点和河口建闸，形成阳江大围防潮保护圈，缩短防潮堤防战线。

(2) 结合西支流堤防建设、实际泄洪能力提升适度控泄东干城区洪水，整体降低防洪风险。

(3) 结合潮汐特点形成阳江大围防潮保护圈网河蓄滞雨洪，给涝水以空间，蓄排结合，解决因承泄区水位顶托引起的排涝问题。

(4) 调控闸群内外水位，增强水体交换能力、改善围内径流潮汐动力和水环境。

6.3.4 工程布局和任务

采用闸堤联围的工程布局建设阳江大围，并补强阳江西支流两岸堤防防洪潮能力和排涝设施能力。在阳江三角洲建设 3 个水闸，形成阳江大围，实现洪潮分家、缩短防潮战线。

由于漠阳江河口和珠江三角洲网河区局部类似，本章提出漠阳江河口综合治理布局方案研究供参考。

“控东强西、下挡防潮”，使阳江达到 100 年防洪潮标准。

(1) 在上游东干分流口建分洪闸，控制分洪流量匹配东干堤现状防洪能力。

(2) 综合整治西支、建西支两岸滨江堤路，加强西支行洪能力。

(3) 在下游出海口建设挡潮闸（A、B 方案），形成调蓄水体保护圈。

(4) 西支滨江堤路兼顾交通基础设施功能，为城市向西南延伸发展提供支撑，达到洪潮共治、兼顾城市交通发展的目的。

6.3.4.1 防潮布局：联围防潮

在上游东干分流口建分洪 1 号闸，在东干流下游两出海口建设 2 号、3 号闸挡潮，并防止风暴潮水从 1 号闸倒灌进入阳江大围，风暴潮期间上游中小洪水通过 1 号闸控制，由西支流通道排泄，如图 6.3－1 所示。

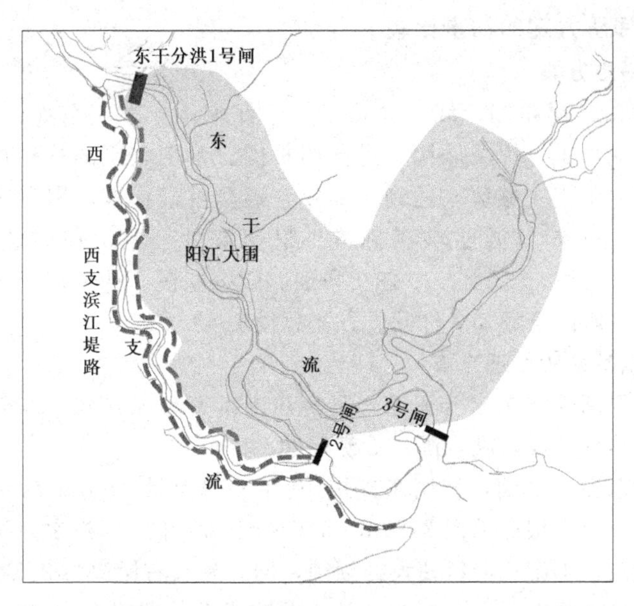

图 6.3-1　阳江大围 3 闸布置方案

6.3.4.2　防洪布局：联围控洪

(1) 通过上游东干分流口分洪 1 号闸控制，满足 100 年一遇洪水条件下，东干流分洪流量匹配东干堤现状防洪能力、降低城区防洪压力。

(2) 在分析西支流两岸潮控区堤防提标建设、卡口扩宽的前提，综合整治西支、建西支两岸滨江堤路，提高西支行洪能力，满足 100 年一遇洪水条件下泄洪流量（扣除西支流控泄的分洪流量）。

(3) 西支滨江堤路兼顾交通基础设施功能，为城市向西南延伸发展提供支撑，达到洪潮共治、兼顾城市交通发展的目的。

6.3.4.3　排涝布局：智慧调控

区域预测发生特大暴雨，可通过 1 号、2 号、3 号闸开关水闸，确保阳江大围内承泄区水位在暴雨前维持较低水位，改善因东干流顶托引起阳江城区的内涝问题。

涝水期间上游洪水主要通过西支流排泄，可进一步结合外海潮位、洪水和雨洪遭遇情况，同时开启阳江大围 1 号、2 号、3 号闸，兼顾改善西支流西岸的排涝条件。

6.3.4.4　环境布局：蓄排增加水动力

综合考虑防洪潮、排涝和通航等条件，在年内对通航、生物影响相对较小的时段，结合潮汐预报和上游来量预报，通过对 1 号、2 号、3 号闸的调控，增加联围内外水位差，增加水动力，改善大联围内干支流的水环境。

6.3.5 与纯堤防方案的初步比较

6.3.5.1 纯堤防方案

通过捷西围、捷东围、红丰龙涛围、三江洲围、东支东堤、中心洲联围、四围联围、四朗联围、埠场联围、丹载两报围、台平联围的达标加固，使阳江市区（江城区、阳东主城区）达到100年一遇防洪潮标准，阳春城区和干流中下游沿岸达到50年一遇防洪潮标准。根据统计，堤防加固达标合计长度162.5km，总投资40.6亿元。中心洲联围、四围联围、四朗联围三个涝区泵站规模226m^3/s，建设投资3.2亿元。方案总投资43.8亿元。

6.3.5.2 洪潮涝系统治理方案

通过上游建闸控制东支分流量，下游建闸抵御台风暴潮，综合整治西支河道，使得下游达到相应防洪（潮）治涝标准。

上游建设东支分洪闸，控制东支按10年一遇流量2420m^3/s分洪，剩余洪水由西支分流。西支按照承担2480m^3/s（双捷100年一遇洪水）进行综合整治及堤防达标加固。下游在河口建设挡潮闸，同时延长右岸堤防2.5km。

上游建设分洪闸需要投资6.0亿元，下游建设挡潮闸17.8亿元。西支整治及堤防加固44km，投资13.2亿元，新建堤防2.5km，投资2.5亿。中心洲联围、四围联围、四朗联围三个涝区泵站规模226m^3/s，建设投资3.2亿元。方案总投资42.7亿元。

经分析，两方案工程投资相当，但洪潮涝系统治理方案加固堤防46.5km，仅为纯堤防方案162.5km的28.6%，且纯堤防方案涉及城区堤防的提标建设因占地等问题实施难度较大。洪潮涝系统治理方如进一步优化排涝调度，则可大幅改善城区排涝条件，可不增加排涝投资并减缓排涝灾害损失。

目前，阳江市已按照潮涝系统治理方案思路开展前期工作。

6.3.6 结论与展望

本章对漠阳江三角洲河口地区的流域情况、治理要求、存在问题、建设必要性分析的基础上，提出了在漠阳江三角洲和河口建设3个水闸形成阳江大围的洪潮涝系统治理工程布局，并对应提出治理任务，与纯堤防方案相比，存在较多的优点，因此本章方案也纳入广东水网规划中。目前，阳江市已按照潮涝系统治理方案思路开展前期工作。

下一步需要加深方案的研究，主要方向如下：

(1) 深化漠阳江三角洲洪、潮、涝三者遭遇情况，这是开展漠阳江河口地区闸堤洪潮涝系统治理方案的基础。

(2) 进一步分析存在问题和闸堤方案实施的必要性。

(3) 构建漠阳江三角洲洪潮涝咸模型，包括水动力、水质二维模型和风暴潮模型，为进一步分析方案效果提供支撑。

第7章

洪潮涝风险防控措施研究

7.1 超标准洪潮涝风险分析

7.1.1 淹没和社会经济分布的风险

西北江三角洲北江片的广州是粤港澳大湾区四大中心城市之一，广佛都市圈是粤港澳大湾区三极之一，广佛都市圈人口占珠江三角洲9个城市人口的36%，GDP占41%，是粤港澳大湾区“淹不得也淹不起”的地区。按照相关规划，广州市的防洪标准为100～200年一遇，佛山、中山、珠海、江门与肇庆等市的防洪标准不低于100年一遇。

从西北江三角洲防洪工程格局来看，西江干流以东由于社会经济发达、人口密集、面积广大且地势低平，是防洪高风险区；相对而言，西江干流以西仅涉及肇庆高要区、佛山高明区、江门市和珠海斗门区等建成区，面积较小且社会经济发展程度、人口密集程度远低于西江干流以东，总体地势较高、风险较小。西北江三角洲100年一遇洪水人造地表内可能最大淹没水深如图7.1-1所示。思贤滘节点分流调整改变了西北江三角洲泄洪格局，北江片的防洪压力有所加重，对大湾区的发展极为不利。

7.1.2 洪水归槽的影响

随着西江上游浔江广西桂平一带两岸堤防的建设，广东西江、东江、北江干流堤防的建设，加之上游河床下切的影响以及城市化后产汇流条件的变化等因素，通过对比，实测洪水的量级增加，但总体持续时间减少如图7.1-2所示。在设计条件下，如思贤滘原50年一遇设计洪峰流量为60700m^3/s，洪水归槽后洪峰流量达到67800m^3/s。

在珠江三角洲中上区域河床大幅下切而河口潮位升高的背景下，面临问题如下：

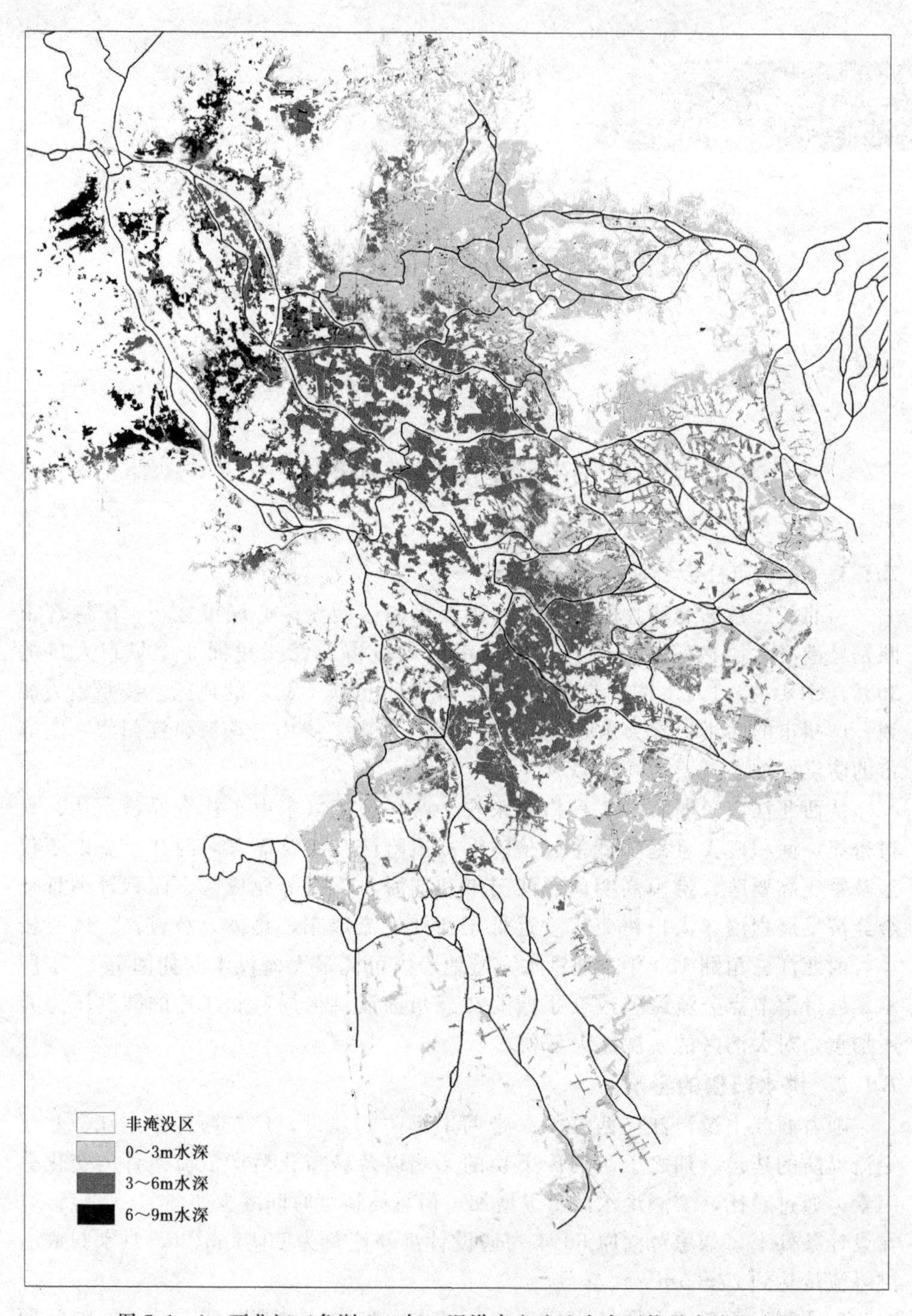

图7.1-1 西北江三角洲100年一遇洪水人造地表内可能最大淹没水深

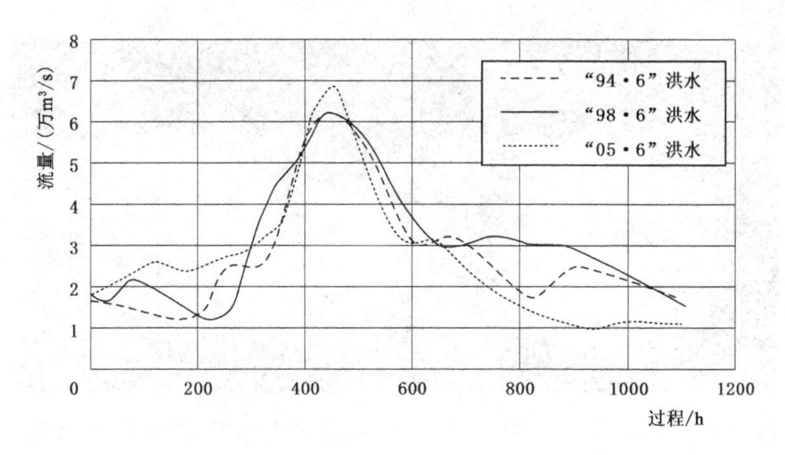

图 7.1-2　思贤滘"94·6""98·6""05·6"洪水对比

(1) 洪水归槽量级加大、下泄流量加大可能引起河床下切区域的洪控区堤防不稳定。

(2) 洪潮混合区域、河床淤积区域导致水位壅高，堤防高程不足、泄洪能力受限。

(3) 潮控区更大量级的洪水遭遇更高潮位，造成河口水位顶托影响排涝。

7.1.3　气温升高背景下更极端的风暴潮

从影响台风的因素进一步对比2018年台风"山竹"和2017年台风"天鸽"，见表7.1-1；两者的云团、环流对比如图7.1-3所示。香港天文台分析指出，如考虑更极端的台风，即出现2018年台风"山竹"的壮度（卫星地图云团、环流）、移动速度，但叠加天文潮大潮期，同时又是横过吕宋海峡，这种情况下比2017年出现台风"天鸽"时最高潮位高1～2m。同时考虑到海平面上升，气温继续上升等因素，这种更为极端的情况发生的概率是可能存在。在此情况下，对于珠江三角洲这种河网密度极大、受风暴潮影响范围宽阔的区域，采取全面加高大湾区堤防的策略对于气候暖化的适应性和韧性可能不足。

表 7.1-1　2018年台风"山竹"和2017年台风"天鸽"影响因素对比

影响因素	2018年台风"山竹"	2017年台风"天鸽"
中心风力		略大
登陆珠江口距离		略近
台风壮度	较大	
移动速度	较大	
和天文潮的叠加	初七、小潮期	初二、天文大潮涨潮时比"天鸽"影响时高1m
路径	登陆吕宋岛北	横过吕宋海峡

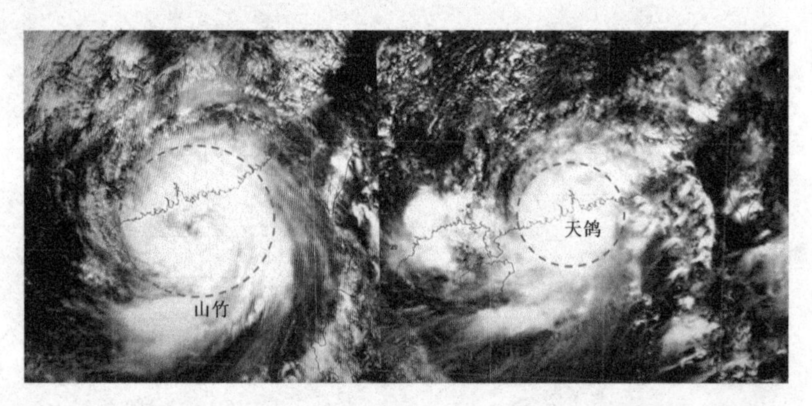

图 7.1-3 2018 年台风“山竹”和 2017 年台风“天鸽”的云团、环流对比

7.1.4 覆盖粤港澳大湾区的超强暴雨

在粤港澳大湾区范围内可能同时出现全覆盖的极端暴雨，可能导致泵站工程全部开启，从而出现排涝流量大幅增加影响的情况。

7.2 洪涝协调性研究

洪涝协调性研究的主要目的是在雨洪、雨潮遭遇分析的基础上，进一步分析提高粤港澳城市群内部的排涝标准和泵排能力对流域、区域防洪的影响。

7.2.1 排涝排水在水利、市政部门的衔接

城市排涝（治涝、内涝防治、排水）工程涉及水利和市政两个部门，但所面临的问题又是密切相关的，两者从专业设置、采用的规范和标准、水文边界条件和工程实施等均存在不衔接的问题。

7.2.1.1 专业背景和认识不同

参考历次普通高等学校本科专业目录由来，城市排涝排水涉及水利类的水利水电工程和土木类的给水排水工程；但近年随着城市内涝问题日渐突出，两专业也出现一定的融合，根据《普通高等学校本科专业目录（2020 年版）》水利类下有“081104T 水务工程”，土木类“081011T 城市水系统工程”。但总体上由于专业背景不同，对于城市发生同一内涝事件，两者认识不尽相同。

7.2.1.2 近年部委级排涝排水相关规划要求历程分析

1. 水利部门

2011 年的中央一号文件《中共中央　国务院关于加快水利改革发展的决定》将城市和农村易涝地区的治理作为之后 5～10 年的一项重要任务，明确提出要“实施大中型灌溉排水泵站更新改造，加强重点涝区治理，完善灌排体系”“要

加强城市防洪排涝工程建设，提高城市排涝标准”。

2011 年 12 月，国家防汛抗旱总指挥部印发了《国家防汛抗旱总指挥部关于印发加强城市防洪规划工作的指导意见的通知》，署名水利部附件《加强城市防洪规划工作的指导意见》提出：统筹兼顾，合理确定城市防洪排涝体系布局。根据城市发展总体规划，合理布设城市排水河道、内湖与洼地、排水管网、抽水泵站等排涝体系。防洪排涝工程体系已较为完善的城市，要按照流域、区域、城市的防洪要求，论证城市防洪排涝工程体系对流域、区域及相邻城市的影响，有影响的必须采取必要的补救措施。

2013 年 11 月，水利部办公厅印发了《水利部办公厅关于开展全国治涝规划编制工作的通知》（办规计函〔2013〕1060 号，以下简称《通知》），正式启动全国治涝规划编制工作。分全国和省（自治区、直辖市）两个层面，采取“自上而下、自下而上、上下结合”的方式开展全国治涝规划编制工作。摸清我国易涝地区现状及主要存在问题，研究提出涝区治理的总体思路和对策，使全国涝区治理形成完整的规划体系，为今后全国开展涝区治理奠定坚实的基础。其中涉及城市排涝的涝区，应纳入所在区域统筹考虑，涝区治理总体布局和工程措施应注意区域治理规划与城市排涝规划相协调。仅对城市排涝的外部骨干工程进行规划，如城市外排的骨干排水河道、主要建筑物、城市排水的承泄区等。城区内部排水管网规划内容不纳入该规划。

市级层面，近年完成大量的城市防洪排涝规划、排涝工程设计等，主要以河湖水系整治、泵闸规划建设为主。

2. 市政部门

《建设部关于做好一九九六年城市防洪排涝工作的通知》（建城字第 62 号文发布）提出各地城建部门要积极参与指导城市防洪排涝规划的编制工作，特别对城市低洼地区、开发区、城乡接合部、建筑工地等要提出经济可行的防洪排涝措施和要求。

国务院于 2013 年 3 月发布了《国务院办公厅关于做好城市排水防涝设施建设工作的通知》（国办发〔2013〕23 号），住房和城乡建设部于 2013 年 7 月配套出台了《住房和城乡建设部关于印发城市排水（雨水）防涝综合规划编制大纲的通知》（建城〔2013〕98 号）。根据大纲要求城市内河水系综合治理、城市防涝设施布局与水利口相关规划设计有重叠。

2021 年 4 月，国务院发布了《国务院办公厅关于加强城市内涝治理的实施意见》（国办发〔2021〕11 号），国家发展改革委发布了《国家发展改革委办公厅　住房城乡建设部办公厅关于编制城市内涝治理系统化实施方案和 2021 年城市内涝治理项目中央预算内投资计划的通知》（发改办投资〔2021〕261 号），附件提出了城市排水出路、雨水削峰调蓄和行泄通道建设，建立、健全城区水系、排水管渠与周边江河湖海、水库等“联排联调”运行管理模式，健全流域联防联控机制等措施，与水利部门有重叠和联合。

7.2.1.3 采用规范、标准和水文边界条件不衔接

水利部门：《防洪标准》（GB 50201—2014）、《治涝标准》（SL 723—2016）、《防洪规划编制规程》（SL 669—2014）、《水利工程水利计算规范》（SL 104—2015）等。

市政部门：《防洪标准》（GB 50201—2014）、《室外排水设计标准》（GB 50014—2021）、《城镇内涝防治技术规范》（GB 51222—2017）、《室外排水设计标准》（GB 50014—2021）和《城市防洪规划规范》（GB 51079—2016）等。

城市排涝涉及水利部门、市政部门两方面，它们的规范要求之间存在差异，在治理标准、计算方法、水文水位边界存在不衔接的问题。如水利部门治涝标准，是指承接市政排水系统排出涝水的区域的标准，特征一般表述为某涝区××年一遇暴雨重现期××小时暴雨排干或者不成灾（不超过某特征水位），特征水位主要对应的是大排水系统下河道、渠道或者调蓄水体的控制水位；市政部门城镇内涝防治技术规范和城市内涝防治规划标准（征求意见稿）则表述为有效应对不低于××年一遇的降雨，评判的标准主要是建筑物底层不进水、道路等地面的积水深度、范围和持续事件和流速等参数判断。

7.2.1.4 典型区域排涝排水衔接存在问题分析

城市内涝治理主要涉及水利、市政两方面，水利部门主要侧重大排水系统，主要为位于城市内的江河湖水利工程，包括堤防、水库、闸泵和排涝湖泊、水体等；市政部门主要侧重雨水源头控制系统和小排水系统，主要为径流控制、雨水管渠和小型行泄通道、调蓄空间等工程。

以肇庆端州区为例，初步了解主要河涌、闸泵由水利院进行规划设计，规划设计中未前瞻性针对城市化对湖、河涌、闸泵进行系统布局和保护，造成现在河湖水系联通不畅、分布不均、规模不足。目前端州区已高度城市化且呈现加速发展的迹象，分析 2000 年、2010 年和 2020 年遥感图可知，端州区下垫面急剧变化，同时排水工程建设造成产汇流特性改变、流量加大，可能导致水利设计规模不足。管网排水部分主要由市政院设计，未系统统筹雨水管网和江河湖泵闸的水力联系，城市排水系统与调蓄水体从工程条件上不满足对城市内涝进行“联排联调”。

城市水利涉及的大排水系统和城市内涝涉及的小排水系统有时候有明显的边界，有时候能够相互转化，出现因洪致涝或者因涝致洪的现象，有时候又完全交织在一起，难以分辨。特大降雨产生的大流量地表径流也成了一种“洪水”，同时，一些河道满溢加剧了内涝。对于高重现期的暴雨，目前缺乏从流域的角度统筹推进洪涝治理，先从流域防洪排涝安全入手，再考虑支流、城市内

河的安全。河道的设计在水位方面与城市排水不够衔接，出现河湖水位高、雨水排不进去或者是发生排水管网排入河道又倒灌回来的问题。

7.2.2 典型暴雨的涝灾成因分析

7.2.2.1 “艾云尼”暴雨

受2018年6月5—9日大湾区出现了持续性的暴雨、大暴雨、特大暴雨天气过程，造成较大的内涝灾害。期间，上游高要站、石角站、马口站、三水站流量、水位和出海口三灶站、南沙站、赤湾站最高潮位见表7.2-1，其中高要站、石角站、马口站、三水站多年平均洪峰流量分别为32100m^3/s、9800m^3/s、29100m^3/s和8180m^3/s，三灶站、南沙站、赤湾站年最潮潮位均值分别为1.68m、1.91m和1.55m。除石角站流量略大于年最大洪峰流量均值，其他水位流量边界条件均较小。可见外江洪水、潮汐不是本次涝灾的主要成因。

以肇庆市端州区（高要水文站附近）为例，端州城区地形最低约4.5m（珠基），90%地形在5.2m上，“艾云尼”台风期间端州城区严重内涝时外江水位只有3.16m，显然外江承泄区水位不是本次内涝的原因。端州区本次涝灾的主要成因是暴雨强度接近30年一遇，超过现有排涝排水能力；调蓄湖、河涌和管网体系配合不畅，体现在排涝、排水系统没有有效利用星湖的调蓄能力；城区主要三条河涌，规模小、分布不均且位于末端、河涌排涝能力不足。

表7.2-1 “艾云尼”期间珠江三角洲上下边界流量水位特征表

日期	逐日平均流量/m^3/s与期间最高水位/m								期间最高潮位/m		
	高要站		石角站		马口站		三水站		三灶站	南沙站	赤湾站
2018-06-04	8710	3.16	684	7.91	8500	2.66	2030	3.27	1.05	1.15	0.92
2018-06-05	9350		970		9400		2240				
2018-06-06	9310		1270		9810		2420				
2018-06-07	8760		1460		9300		2160				
2018-06-08	10300		4250		11800		3310				
2018-06-09	10700		10700		16700		6160				
2018-06-10	9590		8230		14700		5410				

7.2.2.2 2020年广州“5·22”特大暴雨

2020年广州“5·22”特大暴雨具有强度大、范围广和面雨量大的特点，小时雨强无论强度还是范围均超历史纪录，42个站点小时雨强超过80mm。其中黄埔区珠江街录得全市最大小时雨量167.8mm，超过100年一遇，3h最大降水量288.5mm，破黄埔区历史极值。雨量和强度均超过了广州市现状河涌排涝能力和城市排水管网排水能力。期间5月20—24日，三水最大流量3000m^3/s，黄埔站最大潮位1.56m（低于年最高潮位均值2.03m，也低于排涝工况设计5年一遇设计潮位）。可见本次涝灾产生的主要原因是暴雨强度过大和城市防涝能力不足。

7.2.3 排涝工程现状和规划情况

7.2.3.1 排涝工程现状标准和规模

排涝工程现状和规划主要参考《广东省治涝规划》（2015年8月）成果。2012年统计全省除涝面积5年一遇标准以下56.24万亩，5～10年一遇标准92.11万亩，10年以上一遇标准376.21万亩，分别占10.7%、17.6%和71.7%。

7.2.3.2 排涝工程规划标准和规模

根据《广东省治涝规划》，西北江三角洲涝区规划排涝重现期多为10～20年一遇；降雨历时为24h；排除时间方面，城市多为1天排至控制水位或1天不成灾，农田多为1—3天排干。

根据规划成果，西北江三角洲（含高要、清远以下）自排和泵排规模见表7.2-2，闸排流量合计27490m^3/s，泵排流量13587m^3/s。

表7.2-2 西北江三角洲易涝区治涝规划工程表

三级	四级区	排涝涵闸		排涝泵站		
		数量/座	设计流量/(m^3/s)	数量/座	设计流量/(m^3/s)	装机/万kW
北江	滨江区	4	95	17	488	3.5
	潖江区	22	680	30	589	3.9
	绥江区	72	1167	56	400	4.4
西江	西江左岸区	21	639	33	577	8.2
	新兴江区	13	412	12	660	9.5
西北江三角洲	高明河区	43	649	28	573	6.3
	广州南沙区	102	3755	132	697	6.3
	潭江区	96	1365	140	1128	6.4
	西北江三角洲北部区	247	7795	220	3399	23.5
	西北江三角洲南部区	39	1556	87	1172	7.6
	西北江三角洲中部区	208	9379	172	3905	24.9
合计		867	27490	927	13587	104.3

7.2.4 涝灾成因分析

珠江三角洲位于珠江流域下游，濒临南海，雨量丰沛，但在时间、空间的分配上很不均匀，变差较大，往往由于暴雨、洪水、台风、暴潮等产生内涝，影响着工农业生产的发展和人民生命财产的安全。而人类活动对于涝灾，既有正面的影响，也有负面的影响。珠江三角洲到现在为止所修建的江海堤围及采取一系列的水利工程措施和非工程措施，对减轻灾害起了重要作用；但对自然资源和环境的不合理开发，不按规划进行的违规活动，又往往导致和加重灾害。涝灾形成的原因如下。

（1）河湖调蓄水系萎缩。受近几十年来人类活动的影响，由于经济发展及防洪的需要，不少小围联围后造成原有排水渠道被截断，而降雨后外江水位高，内水排不出。城市化以前，城市内存在不少的农田、池塘、河道、湖泊等“天然调蓄池”，具有减缓城市内涝的功能；城市化之后，这些天然的调蓄池被填平、占用，加剧了城市的防涝压力。

（2）汇流条件变化、排涝标准偏低。珠江三角洲经济较发达地区，城市化、工业化进程不断加快，很多原为农村的地方变为城市，人口密度大、经济发展速度快，原有的雨水汇流条件也发生了改变，而原先的农村排涝工程规模及排涝标准却没有跟着经济社会发展而提高，致使产生内涝。

（3）极端天气的影响。气候暖化引起极端天气的频度、烈度和强度不断上升。局部短历时强降雨频发。2018 年台风“艾云尼”肇庆市端州城区 8 日降雨 223mm，为实测 1953 年以来的最大日降水量，接近 30 年一遇 24h 降水量 230mm。2018 年 8 月 30 日惠州特大暴雨，惠东县高潭镇最大 24h 降水量 1056mm，打破了历史极值；2020 年 5 月 22 日广州特大暴雨，黄埔区永和街最大累积雨量 378.6mm，达到百年来的历史极值。降水是涝灾形成的直接原因，当降水量过多无可避免形成涝灾。

（4）地形限制产生的内涝。地形地貌与雨后产流、汇流有密切关系。珠江三角洲是冲积平原，地势平坦低洼，水系纷繁，河道纵横，地面高程与潮水位基本持平，部分地面高程还低于海平面，在洪水大潮期，遇上暴雨，堤外水位经常高于围内地面，而排涝设施不足或设施老化，涝水不能及时排出而导致涝灾。

（5）城市排涝排水能力严重不足。珠江三角洲大部分地区现状为 10 年一遇 24h 暴雨 1 天排干的排涝标准，这是由于历史上主要针对农村地区而延伸下来的，随着城市化的快速发展，渗流地面大量减少，内河涌、鱼塘、湖泊等调蓄水体也日渐减少，排涝标准已与城市化发展的要求脱节。珠江三角洲河涌众多，普遍存在河涌现状宽度普遍不够，过水断面不足，排涝标准低。随着经济的发展，城乡一体化进程不断加快，城镇建设与河涌争地的矛盾日益突出，部分河涌因城市建设需要，而实施迁改、涵化，甚至填埋，对河涌水系和排涝体系的构建影响较大。内河涌淤积是城市化进程中的一个副产品，河涌邻近的土地开发建设造成的水土流失、人为向河涌倾倒垃圾淤泥污染淤积也是河涌淤塞的原因。

珠江三角洲排水管渠的设计重现期偏低，整体过流能力不足。据资料统计，广州市中心城区小于1年、1～3年、3～5年、5年以上等四种重现期等级分别为37%、30%、25%、7%，仅有32%达到3年一遇以上。随着城市继续扩张，原本偏低的城区排水系统排涝能力将进一步下降。另外，城市建设截断了排水管网，破坏了排水系统，老城区排水系统老化失修，淤积堵塞严重，都进一步降低了排水能力。

7.2.5 洪涝协调性计算

7.2.5.1 模型计算条件

综合洪潮涝（区域暴雨）遭遇分析，当以雨为主时，西、北江上游西江高要站附近雨洪遭遇最多为年最大暴雨均值遭遇年最大洪水均值；西、北江上游北江清远附近除1982年5月特大雨洪外，其余年份5年一遇以上暴雨最多遭遇年最大洪峰流量均值洪水。西、北江下游口门一带发生5年一遇以上暴雨最多遭遇年最高潮位均值。除1982年5月特大暴雨引发北江洪水外，一般当发生5年一遇以上暴雨时最多遭遇年最大洪水均值或年最高潮位均值。

《广东省防洪（潮）标准和治涝标准（试行）》（粤水电总字〔1995〕4号）提出"潮区可采用5年一遇的最高水位为上水位，其余地区可以采用外江多年平均洪峰水位为上水位"计算排涝规模，可见在排涝计算工况中承泄区的水位一般不高于5年一遇。

结合以上两点，本次洪涝协调性计算采用《广东省治涝规划》的规划全部泵排流量遭遇外江5年一遇同频率洪潮组合计算条件，分析对水面线的极端影响。

7.2.5.2 边界条件

根据实测资料，思贤滘与三灶、大虎站均最多发生过5年一遇以上的洪潮遭遇。因此对于排涝工况下，当区域发生较大等级暴雨，承泄区采用考虑5年一遇洪潮同频率遭遇组合，即上边界采用5年一遇洪水、下边界采用5年一遇潮位。

为便于在边界条件相同下，分析泵排规模提升后对水位的影响，本次计算5年一遇上边界设计洪水，下边界设计潮位均采用《西、北江下游及其三角洲网河河道设计洪潮水面线（试行）》边界条件。考虑现状条件和增加规划泵排规模两种计算工况。

7.2.5.3 泵排流量处理

根据《广东省治涝规划》四级涝区分布情况，将各涝区排涝流量概化在涝区临河中部泵站，主要分布在主干河道上，如涉及多条河流，则相应分多部分概化，见表7.2-3，如图7.2-1所示。

表7.2-3 涝区泵站概化情况表

区域	泵站流量/(m^3/s)	所在计算断面
滨江区	487.92	2013
潖江区	589.09	2013
绥江区	400.17	2055
西江左岸区	576.5	1948
新兴江区	660.31	1940
高明河区	572.59	1362
潭江区	1128.02	1812
广州南沙区1	296.8	930
广州南沙区2	400	1082
西北江三角洲北部区1	600	2022
西北江三角洲北部区2	700	2033
西北江三角洲北部区3	700	744
西北江三角洲北部区4	700	860
西北江三角洲北部区5	698.77	935
西北江三角洲中部区1	1500	1383
西北江三角洲中部区2	1500	1478
西北江三角洲中部区3	405	1558
西北江三角洲中部区4	500	1286
西北江三角洲南部区1	292.91	1473
西北江三角洲南部区2	292.91	1764
西北江三角洲南部区3	292.91	1740
西北江三角洲南部区4	292.91	1792

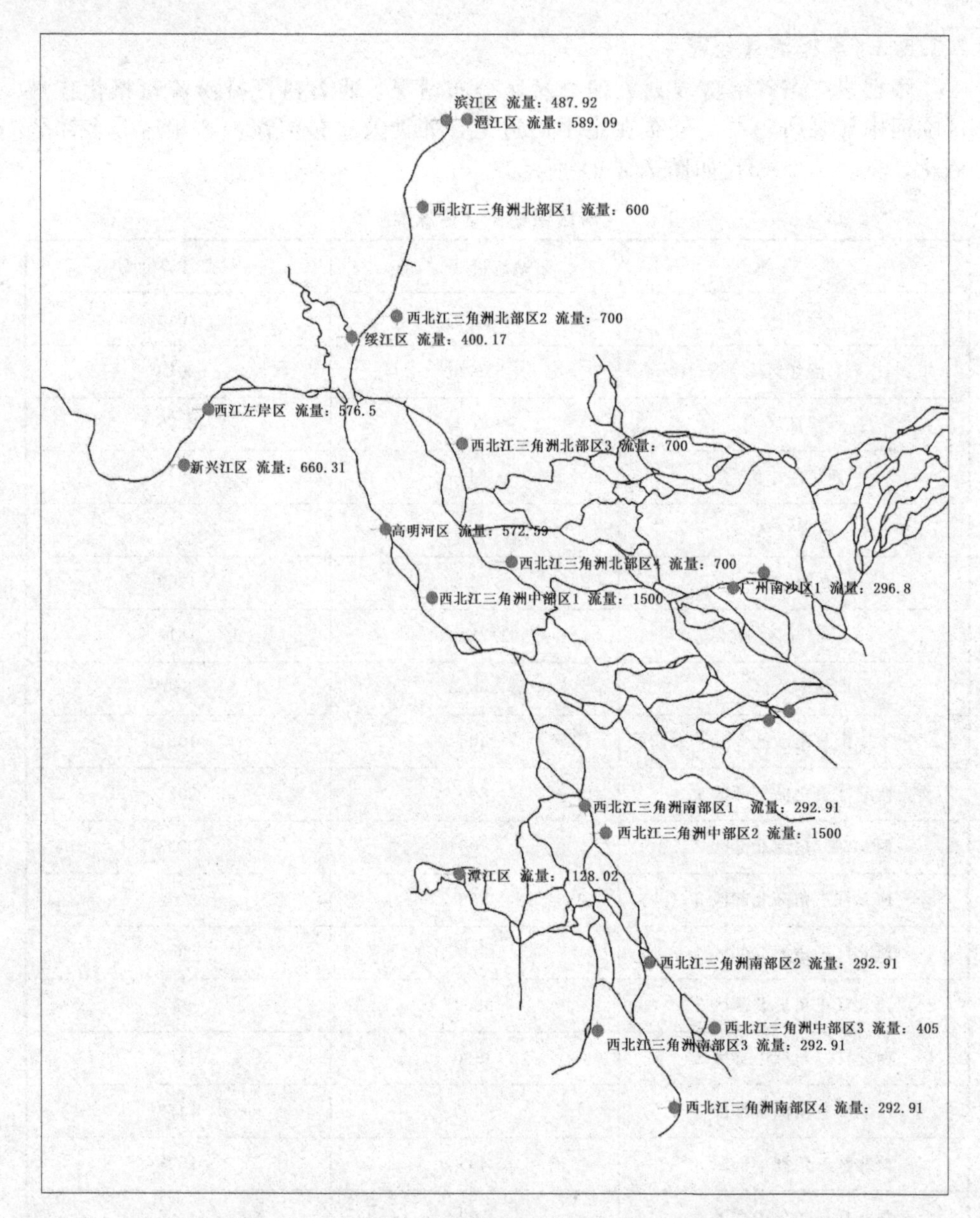

图 7.2-1 西北江三角洲易涝区分布和泵站概化图

7.2.5.4 数学模型率定与验证

1. 一维水动力数学模型

(1) 基本原理。一维非恒定流河网数学模型采用四点加权隐格式对一维方程组进行离散求解。河网系统水流运动的基本方程包括：圣维南方程组及汊点连接方程两部分组成，具体方程如下：

1）河道水流方程组。

连续方程：

$$\frac{\partial A}{\partial t}+\frac{\partial Q}{\partial S}=q+\delta Q_c \tag{7.2-1}$$

动量方程：

$$\frac{\partial Q}{\partial t}+\frac{\partial (Q^2/A)}{\partial S}=-gA\frac{\partial z}{\partial S}-gA\frac{Q^2}{K^2} \tag{7.2-2}$$

式中：A 为河道过水断面面积；Q 为断面流量；q 为均匀旁侧入；Q_c 为集中旁侧入流；δ 为 Diracδ；z 为水位水量；K 为流量模数，由谢才公式计算。

2）河网汊点连接方程。

质量守恒关系：进出每一汊点必须与该汊点蓄水量的增减相平衡，即节点的质量守恒方程：

$$\frac{\partial \Omega}{\partial t}=A_c\frac{\partial z}{\partial t}=\sum Q_i \tag{7.2-3}$$

式中：Ω、z 分别为汊点的蓄水量与水位；A_c 为汊点的蓄水面积（汇合区面积），Q_i、z 分别为通过 i 河道断面进入该汊点的流量与汊点水位。

水位衔接关系：节点一般可概化成一个几何点，出入各汊节点的水位平缓，不存在水位突变情况，则各节点相连汊道的水位应相等，等于该点的平均水位，即

$$z=z_i \tag{7.2-4}$$

（2）求解步骤。整个水流计算步骤如下：

1）根据已知条件及经验确定初始水位流场；

2）根据连续方程求解水位 z；

3）根据运动方程求解流量 Q；

4）顺序求解 z、Q 至收敛；

5）推进一个时间步。

2. 模型范围及河网概化

一维水动力数学模型的计算范围，上起梧州、石角、老鸦岗、麒麟咀、博罗，下至大虎、南沙、万顷沙西（冯马庙）、横门、灯笼山、黄金、西炮台和黄冲等河口控制站，河道总长度 1890.33km，计算网络包括 713 个汊口，373 个河段，2172 个河道断面，33 个边界。一维数学模型的上、下边界及内边界见表 7.2-4 和表 7.2-5，一维模型边界位置如图 7.2-2 所示。

表7.2-4　　一维数学模型的边界

数学模型上边界		数学模型下边界	
河道名称	上边界名称	河道名称	下边界名称
西江	梧州	广州出海水道	大虎
北江	石角	蕉门水道	南沙
绥江	四会	洪奇沥水道	万顷沙西
潭江	石咀	横门水道	横门
白泥河	老鸦岗	银洲湖	黄冲
东江	博罗	虎跳门水道	西炮台
增江	麒麟咀	鸡啼门水道	黄金
贺江	贺江口	磨刀门水道	灯笼山
罗定江	罗定江口		

表7.2-5　　一维数学模型的内边界

河道名称	内边界名称	河道名称	内边界名称
水口涌	水口闸	江门水道	北街闸
水口涌	北村水闸	睦洲水道	睦洲闸
西南涌	西南闸	甘竹溪	甘竹电站
佛山涌	沙口闸	芦苞涌	芦苞水闸
榄核涌	磨碟头闸		

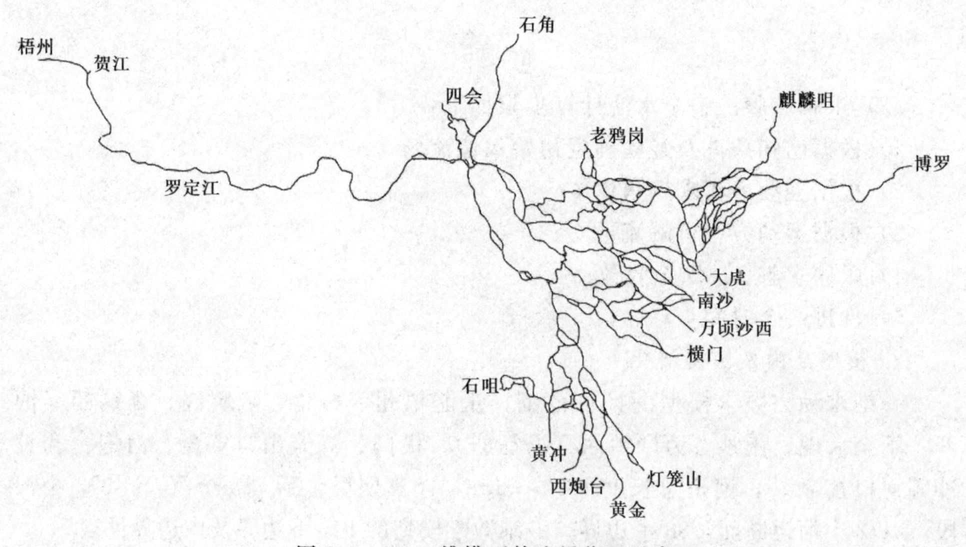

图7.2-2　一维模型外边界位置示意

计算断面地形，增江、青岐涌、潭江、睦洲水道、江门水道、银洲湖、虎跳门水道、泥湾门水道和鸡啼门水道采用1999年测量地形；狮子洋采用2011年测量地形；东江东莞水道和倒运海水道采用2004年实测地形；西北江三角洲河道采用2016年实测大断面地形，东四口门出海口处采用2008年测量地形。

3. 模型率定与验证

(1) 水文资料。洪水期河道糙率采用2020年6月洪水水文资料进行率定，水文组合计算时段如下：

2020年6月洪水，6月16日14：00至6月25日10：00，共213h。上边界主要控制站采用流量过程，珠江河口八大口门控制站特征潮位见表7.2-6。

表7.2-6　2020年6月洪水珠江河口八大口门控制站特征潮位统计

单位：m（珠基高程）

站　　点	高高潮	低低潮
大虎	1.43	－1.49
南沙	1.45	－1.24
万顷沙西	1.35	－0.96
横门	1.37	－0.97
黄冲	1.21	－1.1
西炮台	1.39	－0.95
黄金	1.00	－0.99
灯笼山	1.03	－0.92

(2) 洪水率定与验证成果。2020年6月洪水，从统计结果看，主要站点计算潮位特征值与实测潮位相比，误差均小于0.10m，计算潮位过程与实测潮位过程吻合，相位误差小于1h；主要站点断面计算最大涨落潮流量与实测最大涨落潮流量误差一般小于10%，基本满足《海岸与河口潮流泥沙模拟技术规程》(JTS/T 231-2—2010) 的规范要求，说明模型采用糙率基本合理。

7.2.5.5 计算成果

考虑泵站按照设计规模排水应是对应10年一遇以上暴雨的情况，此时最多遭遇5年一遇洪水或者5年一遇潮水，可见对于5年一遇洪潮同频边界条件下，在考虑西北江三角洲按照规划排涝规模，极端条件泵站全部同时开启，可能增加泵站排放13587m^3/s。经过计算在此极端条件下，西北江三角洲水位最多升高0.97m，高要、石角以下水位至西江、北江主要受洪水影响的区域升高0.5m以上。计算结果见表7.2-7。应当指出，由于本次采用概化方式将排涝流量集中平均分布于各主干河段中，计算较实际每个泵站按排涝流量实际出流影响大。

表7.2-7 5年一遇洪潮外部水面线对比（不考虑和考虑规划泵站排水） 单位：m

节 点	水道	特征断面	堤防设计水位（50年一遇设计水位）	不考虑泵站排水	考虑规划泵站排水	水位差
西江下游	西江	高要	13.74	7.67	8.4	0.73
西江、北江汇合口	西北江	岗根		6.09	6.93	0.84
北江下游	北江	石角	14.67	8.27	9.17	0.9
	北江	芦苞	12.24	7.05	8.01	0.96
西北江三角洲一级节点	西江	马口	10.28	5.81	6.61	0.8
	北江	三水	10.37	5.95	6.82	0.87
西江片二级节点	西海水道	天河	6.18	3.98	4.63	0.65
	东海水道	南华	6.19	3.94	4.56	0.62
北江片二级节点	潭洲水道	紫洞	7.67	4.46	5.22	0.76
	顺德水道	石仔沙	7.14	4.42	5.17	0.75
	吉利涌	吉利涌	7.02	4.2	4.93	0.73
西江片三级节点	石板沙水道	百顷	3.78	2.9	3.38	0.48
	磨刀门水道	大敖	3.61	2.79	3.21	0.42
西江片三级节点	容桂水道	容奇	4.20	2.97	3.34	0.37
	鸡鸦水道			3.46	3.96	0.5
	小榄水道	小榄（二）	4.84	3.51	4.02	0.51
北江片三级节点	顺德水道	三善滘	3.96	2.66	2.98	0.32
	沙湾水道	火烧头		2.59	2.89	0.3
	李家沙水道	三围	3.87	2.6	2.91	0.31

续表

节　点	水道	特征断面	堤防设计水位（50年一遇设计水位）	不考虑泵站排水	考虑规划泵站排水	水位差
口门控制点	磨刀门	灯笼山		1.83	1.83	0
	鸡啼门	黄金		1.78	1.78	0
	虎跳门	西炮台		1.95	1.95	0
	崖门	三江口		2.01	2.03	0.02
		虎坑		2	2.02	0.02
	虎门	三沙口		1.93	1.93	0
		沙洛围		2.04	2.08	0.04
		大石	2.62	2.01	2.04	0.03
		其他		2.08	2.13	0.05
	蕉门	南沙		2.08	2.08	0
	洪奇门	冯马庙		2.04	2.04	0
	横门	横门		1.99	1.99	0
西、北江混合区主要河道分流比	勒流涌	勒流	5.27	3.84	4.42	0.58
	容桂水道	容奇（二）	4.20	2.97	3.34	0.37
	顺德支流			3	3.38	0.38
	洪奇门水道	板沙尾	3.22	2.43	2.62	0.19
	洪奇门水道	大陇滘		2.32	2.46	0.14
	上横沥	上横	2.67	2.27	2.38	0.11
	下横沥	下横	2.65	2.22	2.3	0.08

5年一遇洪潮同频边界条件下，思贤滘流量（马口站流量＋三水站流量）47600m^3/s，极端情况考虑泵站同时开启、增加泵站排放13587m^3/s，则总体上经西江、北江出口流量为61187m^3/s，接近广东省洪潮水位线思贤滘50年一遇流量62400m^3/s。但本次计算考虑极端条件增加泵排流量后，高要、石角、三水、马口、天河、南华等特征断面水位较西北江三角洲堤防设计水位低5.34m、5.5m、3.67m、3.55m、1.55m、1.63m，主要原因是广东省堤防设计水位实际

采用历史各次水面线计算外包成果即主要采用1982年颁布成果，而20世纪80年代至今，西北江三角洲河床大幅下切造成水位大幅下降。

7.2.6 洪涝协调性主要结论

按照规划排涝规模建设后，在极端排涝设计工况下，即考虑泵站按照设计规模同时开启下，流量增幅较大，但总体上由于河床下切影响，在此工况下计算水位仍大幅低于西北江三角洲的堤防设计水位，总体上对西北江三角洲的防洪影响有限，因此对于大湾区各地区的泵排规模可依据需求进行建设。同时也须指出，雨洪低频率遭遇几率较低是基于实测资料分析得出，对于未来发生的极端情况，如果超标准的雨洪出现遭遇，如流域性洪水造成较大的防洪压力，应进一步研究限制抽排，区域排涝调度应服从流域防洪调度。

7.3 城市洪潮涝风险防控对策研究

7.3.1 转变城市洪涝治理理念

“十四五”规划提出，统筹城市规划建设管理，推进新型城市建设，建设韧性城市。建设源头减排、蓄排结合、排涝除险、超标应急的城市防洪排涝体系；《国务院办公厅关于加强城市内涝治理的实施意见》提出坚持人与自然和谐共生，坚持统筹发展和安全，将城市作为有机生命体，根据城市市政建设、韧性城市要求，因地制宜、因城施策，提升城市防洪排涝能力，用统筹的方式、系统的方法解决城市防洪排涝问题。

基于以上要求，结合国内外先进经验，流域城市洪涝治理应当秉持以下理念：

（1）重视城市洪涝灾害韧性防御。目前普遍注重水利工程建设标准和工程措施等刚性措施，过于强调工程的抵抗力，但随着极端气候的频繁出现，如流域内突然出现超标准暴雨，珠江河口潮汐不断出现超越实测潮位的风暴潮，一旦防洪工程失效，可能造成巨灾。郑州特大暴雨造成的灾害提醒我们，城市防洪排涝规划中除应考虑提高传统水利工程的防御标准等常规措施外，还应参考美国、英国等经验，根据城市防洪保护区内不同保护对象的特点、可能淹没程度、脆弱性、社会经济重要程度、受灾程度和恢复能力等进行洪涝灾风险分析评估，综合统筹，根据城市特点和不同防护对象提出适应性策略和措施，例如提出地铁、地下空间的防御措施和防御预案等。确保洪涝灾害发生时有较强的适应性和可恢复性，满足韧性城市的建设要求。

（2）重视系统性、综合性防洪减灾。以防潮为例，目前世界先进经济体在规划设计中多数考虑2100年海平面可能增加的风险。以中国香港为例，为应对极端气候，规定了未来需要额外增加的海平面上升幅度和设计暴雨幅度。重视系统性规划蓄滞洪、泄洪、分洪、挡潮和海岸防护等综合工程措施，如泰晤士河和纽约湾区均提出堤闸结合的防御方案进行比选，日本的“游水地”如鹤见川多功能滞洪区，在高密度城市中结合蓄滞洪和滨河景观和体育设施建设的综合功能。相关案例均体现须重视城市作为有机生命体，结合城市建设的方方面面，统筹洪涝安全、景观、自然生态、社会经济价值、旅游等需求。

粤港澳大湾区位于珠江三角洲，目前防洪应对提出了单纯全线巩固提升堤防的工程措施，缺乏统筹未来海平面可能上升、风暴潮加强的影响，缺乏适应极端气候变化影响，缺乏考虑上游蓄滞洪和可能的分洪措施，缺乏促进社会经济方面的考虑。

(3) 重视退让滨河空间和恢复河道自然功能。荷兰和新加坡等经验表明，当社会经济发展到一定阶段，不同程度出现人水争地和滨水空间过度灰化的问题，但随着城市迈入发达经济阶段，近年来出现了增加河道宽度、增设蓄滞洪滨河空间和恢复河道自然功能的建设理念。随着我国进入新发展阶段，新型城市建设、生态文明发展理念进一步发展，河湖长制及河湖划界、岸线规划的系统实施，应当结合城市规划建设的方方面面，扩大河湖水体空间，提高蓄滞泄能力，扭转因城镇化造成的河湖水体萎缩带来防洪排涝不利影响的局面。

7.3.2 统筹规划设计

(1) 顶层设计和引领，水利市政等一体化规划设计、有效衔接。落实各地方政府作为城市防洪排涝规划的责任主体和牵头单位，加强规划层面的顶层设计和引领；各地发展改革委、自然资源和规划局、住房和城乡建设局、水利（水务）局多部门统筹协调的工作机制，形成工作合力、密切配合，协同推进好城市防洪、排涝、排水项目的规划、立项和设计工作。

系统梳理城市蓄滞洪、泄洪、分截洪、排涝排水和防潮工程的标准和体系，充分衔接国土空间规划、内涝整治规划、排水（雨水）防涝综合规划、城市建设、碧道和园林公园等相关规划，在满足传统水利设计规范和市政设计规范的基础上，统筹市政短历时和水利长历时设计暴雨，统一城市内涝治理水文边界，通过构建管网-河涌-地面耦合数学模型，将蓄滞洪、泄洪、分截洪、排涝排水和防潮、水环境水生态一体化考虑，统筹城市竖向规划、协调大排水系统、雨水源头控制系统和小排水系统的作用和任务，科学合理确定工程规模，实现规划、设计的有效衔接。

(2) 尽早提高排涝标准、排水标准，适当超前为未来提升留有余地。通过多措并举、协同治理等措施，从水文分析、工程布置、规模论证、联排联调、灾后恢复等全过程统筹考虑，除按规划要求尽早提高排涝排水系统标准外，研究适当超前提高标准的可行性，同时也要为未来进一步提升标准、衔接后续工程建设留有余地；研究适当超前建设工程，如新建排水通道、新建区域雨水系统、保护和扩大现有蓄滞洪水体的可行性，分担排涝排水风险、增加系统安全系数、增加安全余量，实现从主要依托部分工程逐步转向工程多模块相结合模式，从主要依托工程措施转向工程措施与非工程措施相结合，多维度、饱和、精准地提高洪涝灾害防御能力。

(3) 各行业需要加强应对超标准洪涝风险设计要求。随着极端气候变化，洪水、暴雨、潮位频率设计值将持续修正，相应的防洪潮设施需要不断地兴建。但是从河南郑州 2021 年“7·20”特大暴雨灾害来看，即便按照现有规划高标准建设城市防洪排涝排水系统，也很难应对这种灾害。

以往城市建设注重河道防洪排涝，通过建设刚性堤防、闸泵等水利防护系统抵御洪水威胁，城市建设未考虑城市水体蓄滞和透水的需要，导致洪涝水过度集中风险加剧。目前总体上由于市政工程和水利工程融合不够，城市洪涝防治刚好就在一个技术的模糊阶段、相关的规范也存在互相矛盾。

如何在城市设计中维护和加强城市水体的蓄滞排功能；在超标准洪涝水灾害中，发生城市大小排洪、排涝排水系统失效，如何确保重要基础设施自身安全和受损后迅速恢复，这是城市洪涝应对需要考虑和深入研究的课题。

7.3.3 重视非工程措施建设

(1) 开展城市洪涝风险评估和区划，制定城市重要设施防御预案、提高防御能力。要贯彻落实习近平总书记防灾减灾救灾重要论述，坚持以防为主、防抗救相结合，努力实现注重灾后救助向注重灾前预防转变，按源头治理的理念，提高实施洪涝预报、预警、预演、预案能力。

建议及时开展城市洪涝风险评估和区划，运用现代化的暴雨洪涝仿真技术，构建城市外江-河渠-管网-水库-地面雨洪耦合数学模型，给出不同规模及不同组合条件下城市洪涝风险图，据此识别出水深、流急的高风险点，明确内涝高风险点，为应急决策与响应提供基本的依据。同时制定重要行政办公区、重要公共服务区、重要市政基础设施、重要交通设施、地下空间等城市重要设施洪涝灾害防御预案、提高防御能力。

(2) 建立城市洪涝智慧化模拟平台。通过构建外江-河渠-管网-水库-地面雨洪耦合数学模型，并结合自学习优化迭代水模型，结合运用数字化、智慧化手段，考虑多维度、饱和、精准化（考虑 1h、30min 时间间隔），支撑水安全全要素的预报、预警、预演、预案的模拟分析，实现对气象预报-洪涝预报-水工程调度-预警信息发布-多部门应急联动全过程模拟，以便在洪水内涝到来之前有足够时间采取相应的应对涝洪水的措施，及时评估发出对应的预警信息。

(3) 建立城区水管理信息平台，实现全城水系联排联调与智慧管理。建立完善综合水管理信息平台，整合各部门防洪排涝管理相关信息，在排水防涝设施关键节点、易涝积水点等区域设置流量计、液位计、雨量计、水质自动监测、闸站控制、视频监控等智能化终端感知设备，满足日常管理、运行调度、灾情预判、预警预报、防汛调度、应急抢险等功能需要。

通过整合各地住房和城乡建设局、水利局等部门管水权限，成立城区水系联排联调中心并纳入政府管理部门中、作为专门的洪涝灾害风险管理机构，同时与相关部门形成防洪排水防涝联动工作机制，实现一中心管全城，形成九龙治水为多水合一的智慧管理。

(4) 城市建设和更新中落实相关行业防洪排涝和要求的管理评估机制。城市建设和更新中，将相关行业涉及防洪排涝要求的管理评估机制纳入城市控规审批机制内。

从项目策划阶段开始落实城市内涝治理要求，提升城市品质，最大限度减轻城市内涝灾害影响，如广州市编制《广州市城市开发建设项目海绵城市建设——洪涝安全评估技术指引》指导本市城市开发建设项目洪涝安全评估工作，提高城市防洪避涝能力。同时洪涝风险论证作为城市规划和重要项目建设的前置条件，论证内容应包括工程建设是否增加城市内涝压力、是否对已有防洪排涝体系产生不利影响以及自身洪涝安全是否满足要求等。

参 考 文 献

[1] 督办广东治河事宜处. 督办广东治河事宜处工程报告书 [R]. 广州：督办广东治河事宜处，1918.

[2] Intergovernmental Panel on Climate Change. Climate Change 2021：The Physical Science Basis Summary [R]. IPCC，2021.

[3] 吴尚时，曾昭璇. 珠江三角洲 [J]. 岭南学报. 1947，8，(1)：105-122.

[4] Intergovernmental Panel on Climate Change. 气候变化 2013：自然科学基础 [R]. IPCC，2013.

[5] 中国香港特别行政区天文台. 全球变暖下的香港 [R/OL]. 2015.

[6] 中华人民共和国自然资源部. 2022 年中国海平面公报 [R/OL]. (2023-04-05) [2024-03-06].

[7] Intergovernmental Panel on Climate Change. 气候变化中的海洋和冰冻圈特别报告决策者摘要 [R]. IPCC，2019.

[8] 中华人民共和国香港特别行政区渠务署. Stormwater Drainage Manual [R]. 香港：DSD，2018.

[9] 林焕新，黎开志，易灵，等. 珠江三角洲主要测站设计潮位变化趋势及复核成果 [J]. 人民珠江，2013，(S1)：41-44.

[10] 中水珠江规划勘测设计有限公司. 珠江三角洲主要测站设计潮位复核报告 [R]. 广州：中水珠江规划勘测设计有限公司，2016.

[11] USACE. New York-New Jersey Harbor and Tributaries Coastal Storm Risk Management Feasibility Study [R]. 2022.

[12] Ministry of Infrastructure and Water Management. Delta Programme 2020 [R]. 2020.

[13] The Environment Agency. Thames Estuary 2100 Plan [R]. 2012.

[14] The Environment Agency. Climate Impacts Tool：Understanding the risks and impacts from a changing climate [R]. 2019.

[15] Royal Society and the US National Academy of Sciences. Climate Change Evidence & Causes Update 2020 [R]. 2020.

[16] The City And County of San Francisco. Guidance for Incorporating Sea Level Rise Into Capital Planning in San Francisco [R]. 2020.

[17] Dr Douglas，Ellen，Dr Kirshen，et al. Preparing for the Rising Tide [J]. Boston：The Boston Harbor Association，2013.

[18] 上海市水务局. 黄浦江防洪能力提升总体布局方案 [R]. 上海：上海市水务局，2022.

[19] 黄镇国. 广东省海平面变化及其影响与对策 [R]. 2000.
[20] 黄镇国，张伟强，吴厚水，等. 珠江三角洲 2030 年海平面上升幅度预测及防御方略 [J]. 中国科学 D 辑. 2000，30 (2)：202－208.
[21] 林焕新，靳高阳. 新形势下粤港澳大湾区城市防洪规划的问题与建议 [J]. 水利规划与设计，2022 (11)：1－5.
[22] 廖远祺，范锦春. 珠江三角洲整治规划问题的研究 [J]. 人民珠江，1981 (1)：3－20.
[23] 广东省水利厅. 西北江三角洲水面线成果 [R]. 广州：广东省水利厅，1982.
[24] 广东省水利厅. 西、北江下游及其三角洲网河河道设计洪潮水面线（试行）[R]. 广州：广东省水利厅，2002.
[25] 广东省水利厅. 广东省水网建设规划 [R]. 广州：广东省水利厅，2024.